Horst H. Siewert

Spitzenkandidat im Assessment-Center

REDLINE WIRTSCHAFT

Horst H. Siewert

Spitzenkandidat im Assessment-Center

Die optimale Vorbereitung auf Eignungstests, Stressinterviews und Personalauswahlverfahren

REDLINE WIRTSCHAFT

Siewert, Horst H.:
Spitzenkandidat im Assessment-Center
Die optimale Vorbereitung auf Eignungstests, Stressinterviews und Personalauswahlverfahren
Frankfurt : Redline Wirtschaft 2004
ISBN 3-636-01143-X

Unsere Web-Adresse:

http://www.redline-wirtschaft.de

5., aktualisierte Auflage 2004

Umschlaggestaltung: Vierthaler & Braun, München
Coverabbildung: Getty Images

Satz: BORA-dtp, München
Druck- und Bindearbeiten: Himmer, Augsburg
Printed in Germany 01143/070401

Inhalt

Anmerkung

Um das Arbeiten mit diesem Buch für Sie möglichst einfach und effizient zu gestalten, haben wir wichtige Textpassagen mit folgenden Icons gekennzeichnet:

Achtung, wichtig!

Beispiel

Aufgabe, Übung

Tipp

Das sollten Sie auf jeden Fall vermeiden

Ihre Meinung ist uns wichtig!

Bei Anregungen, Fragen und Kritik erreichen Sie uns im Internet unter den folgenden Adressen:

www.redline-wirtschaft.de
oder
www.bewerben.com

Vorwort

Das Assessment-Center (AC) hat sich in den letzten zehn Jahren zu einem bedeutenden Instrument bei der Personalauslese entwickelt. Die erfolgreichsten Unternehmen Deutschlands wenden Assessment-Methoden regelmäßig an oder beauftragen externe Personalberater. Das vorliegende Buch soll betriebliche Eignungstests, vor allem das Assessment-Center mit seinen Stressinterviews und psychologischen Tests, aus der Sicht des Bewerbers schildern.
Will man das Assessment-Center in die Reihe der psychologischen Testverfahren einordnen, dann ist ihm wohl die wichtigste Stelle in der angewandten Diagnostik zuzuweisen. Das bedeutet, dass das Assessment-Center die Erkenntnisse der Intelligenzdiagnostik, der Persönlichkeitsanalyse, der Charakterbestimmung und des Berufseignungstests verwendet.
Das Assessment-Center fügt sich also nahtlos in die bisherigen Methoden der diagnostischen Psychologie ein. Neuere Zweige wie computerunterstützte Management-Simulationen, dynamische Assessments oder Einzel-Assessments sind nur Spielarten derselben Grundidee.
Warum gewinnt das Assessment-Center nun immer mehr Freunde? Im Vordergrund steht die hohe und zuverlässige Voraussagequalität dieser Form der Bewerberauswahl für die spätere berufliche Leistungsfähigkeit und für den späteren Erfolg. Dabei zeigt das Assessment-Center seine wahre Stärke. Eigentlich gilt dieser Vorteil für beide, für den Teilnehmer und für den Veranstalter. Wer will schon gerne sein Leben in einem Job verbringen, dem er offensichtlich nicht gewachsen ist?
Das Assessment-Center stellt mehr als jede andere Form der heute verwendeten Bewerberauswahl die Eignung für ein genau bestimmtes Berufsgebiet oder einen bestimmten Arbeitsplatz heraus.

In der Praxis bedeutet das, dass die Verfahren, die zum Einsatz kommen, auch von Fall zu Fall auf die jeweilige Stelle abgestimmt werden. Manchmal kommt es auch vor, dass nur Einzelelemente (wie etwa der „Postkorb“) in ein sonst konventionelles Bewerberauswahlverfahren integriert werden. Es lohnt sich also, Bescheid zu wissen.
Dieses Buch soll eine Zusammenfassung all jener Erfahrungen bieten, die Teilnehmer in verschiedenen Assessment-Centern gemacht haben. Es soll ihre Probleme und Ängste darstellen, aber vor allem soll es mit Techniken, Tipps und Tricks all denen helfen, die sich einem Eignungstest stellen müssen.
In diesem Zusammenhang möchte ich auch auf Ihre Erfahrungen als Leser oder Leserin zurückgreifen. Teilen Sie mir doch einfach mit, wo, bei wem und mit welchem Erfolg Sie Ihr letztes Assessment-Center absolviert haben. Die Kontaktadresse finden Sie im Anhang.

Dr. Horst H. Siewert

1 Assessment-Center – ein Buch mit sieben Siegeln?

Eine Einladung für Herrn Dr. Treweis

Morgenstund: Heute brachte der Briefträger schon kurz nach neun Uhr die Post für Herrn Dr. Treweis.
Ein Schreiben der Schiller KG erregte seine bis dahin noch im sanften Schlummer verfangene Aufmerksamkeit. Wer ist die Schiller KG? Ja, bestimmt, das ist eine der Firmen, an die er vor vier Wochen eine Bewerbung geschickt hat.
Absage? Der Brief sieht so dünn aus. „Normalerweise schicken die doch die ganzen Papiere mit zurück", denkt er. Also ist es zumindest eine Einladung. Er freut sich, endlich hat jemand seine Fähigkeiten erkannt.

Die Einladung zum „Härtetest"

Welch ein Triumph: die Einladung zum Eignungstest. „Was, zwei Tage? In ein Assessment-Center? Was ist denn das? Wie kann ich mich vorbereiten?", überlegt er verwirrt.

Schiller KG
Bergsonstr. 75
70715 Stuttgart

SCHILLER KG

Herrn
Dr. Ulrich Treweis
Edelweißstr. 20
72715 Reutlingen

Datum

Einladung

Sehr geehrter Herr Treweis,

auf Grund Ihrer Bewerbung erlauben wir uns, Sie zu einem Assessment-Center in unseren Seminarräumen in Stuttgart-Mitte einzuladen. In der Anlage finden Sie ein Tagungsprogramm sowie einige Informationen zum technischen Ablauf dieses Verfahrens.

Wenn Sie an diesem Auswahlseminar teilnehmen wollen, sollte Ihre Rückmeldung bis zum Zehnten des kommenden Monats bei uns eingegangen sein. Bitte verwenden Sie für Ihr Antwortschreiben die beiliegende Rückmeldekarte.

In der Anlage erhalten Sie die Tagesordnung, bitte entnehmen Sie alles Weitere unserem beigefügten Prospekt.

Mit freundlichen Grüßen

Alfred Schiller

Schiller KG

Anlagen

Mögliche Tagesordnung eines AC

Tagesordnung

Datum:

Anreise: Freitag bis 18.00 Uhr

1. Tag

20.00 – 21.00	Einführung, Erwartungsanalyse
21.00 – 22.00	Selbstpräsentation der Bewerber
22.00 – 23.00	Klärung von Einzelfragen

2. Tag

08.00 – 10.30	Einzelarbeiten Postkorb-Übung Lösung von Unternehmensfällen parallel: Persönlichkeitstest Intelligenztest Berufseignungstest
10.30 – 11.00	Pause
11.00 – 13.00	Führerlose Gruppendiskussion
13.00 – 14.00	Mittagspause
14.00 – 16.30	Standardisierte Interviews Referat/Zusammenfassung der Gruppendiskussion vorbereiten und vortragen
16.30 – 18.00	Rückmeldegespräche

„Assessment-Center, was ist das?“, fragt sich Herr Treweis. Nach einigen Bewerbungsbemühungen ist er natürlich schon vieles gewohnt, aber Assessment-Center? Nun, wir werden ja sehen.
Es geht ihm vor allem darum zu erfahren, was eigentlich auf ihn zukommt. Postkorb-Übungen, Lösung von Unternehmensfällen etc. Doch das ist beileibe nicht alles. Rollenspiele, Fallanalysen, Gruppendiskussionen, Gespräche am runden Tisch und Einzelvorträge, alles das gehört zum Assessment-Center.

Assessment-Center – eine Definition

Wollte man ein Assessment-Center definieren, so wäre wohl folgende Beschreibung am zutreffendsten:

Assessment-Center – eine Definition

Dauer

Ein Assessment-Center ist ein über zwei oder mehrere Tage andauerndes Seminar, das der Personalauswahl oder der Personalentwicklung dient.

Teilnehmer

Die Gruppengröße bewegt sich zwischen acht und zwölf Teilnehmern, die von Fach- bzw. Führungspersonal beobachtet und beurteilt werden.

Übungen

In Rollenübungen, Fallstudien, Gruppendiskussionen, Einzeltests, Postkorb-Übungen und Vorträgen sollen die Teilnehmer eine Stichprobe ihres beruflichen Könnens abgeben.

Inhalte

Alle Übungen sind im Hinblick auf bestehende oder zukünftige Arbeitssituationen oder -felder ausgerichtet.

Mithilfe des Assessment-Centers sollen Stärken und Schwächen des Einzelnen ausgelotet werden.

Bewerberauswahl oder Personalentwicklung

Der Erfolg im Assessment-Center bedeutet manchmal den Einstieg in eine Führungsposition, in ein neues Arbeitsfeld oder in ein Tochterunternehmen. Assessment-Center werden bei der Auswahl von geeigneten Bewerbern ebenso eingesetzt wie bei der Förderung von Mitarbeitern im Rahmen der Personalentwicklung und Weiterbildungsmaßnahmen.

Der Sinn und Zweck des Ganzen

Vorteile des AC

Wenn wir davon ausgehen, dass das Assessment-Center eine Verhaltensstichprobe ist, wird der Sinn des Verfahrens für den Betrieb offensichtlich. So können Bewerber, Anwärter oder Mitarbeiter im Assessment-Center sehr viel präziser beurteilt werden als beispielsweise anhand von Zeugnissen, Diplomen oder eines Vorstellungsgesprächs.

Im Assessment-Center kann ein Arbeitsplatz direkt simuliert werden. Die Leistungen und die Daten, die erhoben werden, sind unmittelbar auf die Praxis bezogen und werden bei jedem Durchlauf vom Psychologen neu überprüft.

Und noch einen Vorteil bietet das Assessment-Center: Alle erbrachten Leistungen können in eine Rangfolge gebracht werden, so dass wirklich nur qualifizierte Bewerber die Stelle bekommen.

Die eigentliche Idee, die hinter dieser Form der Bewerberauswahl steht, ist, Sie als Bewerber auf Herz und Nieren zu testen. Dazu werden Ihnen Aufgaben in Form von Fallübungen, Rollenspielen und Postkorb-Übungen vorgelegt, auf die wir später noch zu sprechen kommen. Es wird im Idealfall das simuliert, was Sie später am Arbeitsplatz erwartet. Je mehr die gestellten Aufgaben der späteren Wirklichkeit entsprechen, desto genauer kann Ihre Eignung für den Arbeitsplatz oder für den Aufstieg in eine andere Position vorausgesagt werden.

Die Rolle der Persönlichkeit

Wie sieht es nun bei den Persönlichkeitseigenschaften aus, die ja bei der Besetzung von Positionen eine große Rolle spielen? Zwar werden im normalen Verlauf eines Assessment-Centers keine Persönlichkeitsvariablen erfasst, trotzdem kann man mithilfe von zusätzlich eingefügten Tests auch Ihre Persönlichkeit überprüfen und beurteilen.

Die entscheidenden Informationen werden über Ihre Lösungen gesammelt. Dabei ist die Gewichtung der gestellten Aufgaben stets von der angestrebten Position abhängig. Im Verhältnis zur fachlichen Qualifikation werden bei gehobenen Positionen die Persönlichkeitsstruktur und die überfachliche Qualifikation immer bedeutender.

Fachwissen und Persönlichkeit

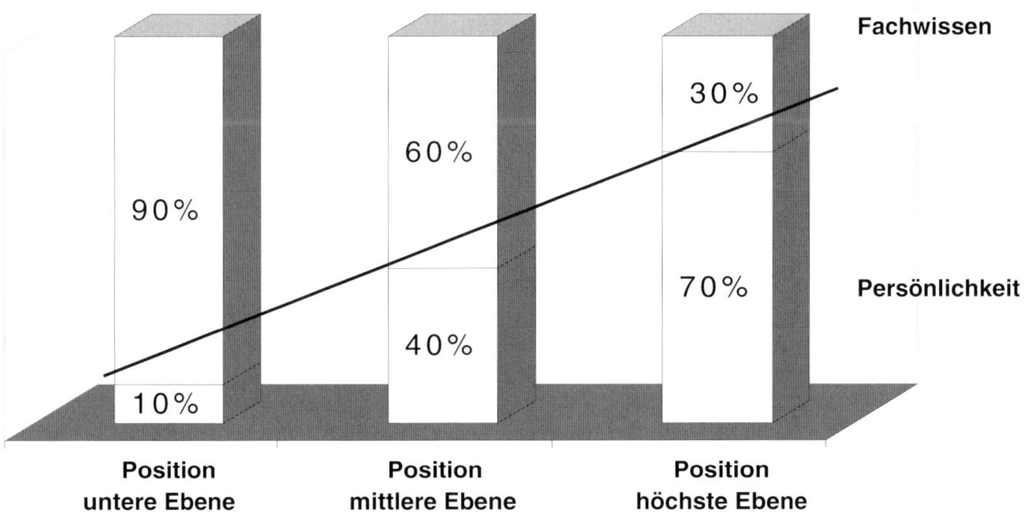

In dem obigen Schaubild sehen Sie den Zusammenhang zwischen den Variablen Persönlichkeit und Fachwissen. Mit der Höhe der

Position, die Sie anstreben, nimmt die Bedeutung Ihrer Persönlichkeit zu und die des Fachwissens ab.

Eine weitere Frage ist, inwieweit Sie bereits vor dem Assessment-Center die Auswahl der Bausteine vorausahnen können. Sicher ist, dass jedem Assessment-Center ein übergeordneter Plan zu Grunde liegt. Es gibt viele Beratungsfirmen, die sich auf das Design von Assessment-Centern spezialisieren. Da ist es oftmals üblich und preiswerter, wenn immer wieder auf dieselben Grundmuster zurückgegriffen wird.

Berufliche Situationen simulieren

Für das Assessment-Center werden typische, alltägliche Situationen aus dem jeweiligen Berufsalltag ausgesucht. So wird etwa ein Einkäufer mit einem Verkäufer zusammengebracht, er muss sein Können in einem Rollenspiel beweisen. Oder zukünftige Vorgesetzte werden mit renitenten Mitarbeitern konfrontiert oder ein Manager kämpft mit Produktionsproblemen. Es werden möglichst viele unterschiedliche Methoden und Verfahren kombiniert und aufeinander abgestimmt. Rollenspiele wechseln mit schriftlichen Arbeitsunterlagen, Tests oder Postkorb-Übungen ab.

Bausteine des Assessment-Centers

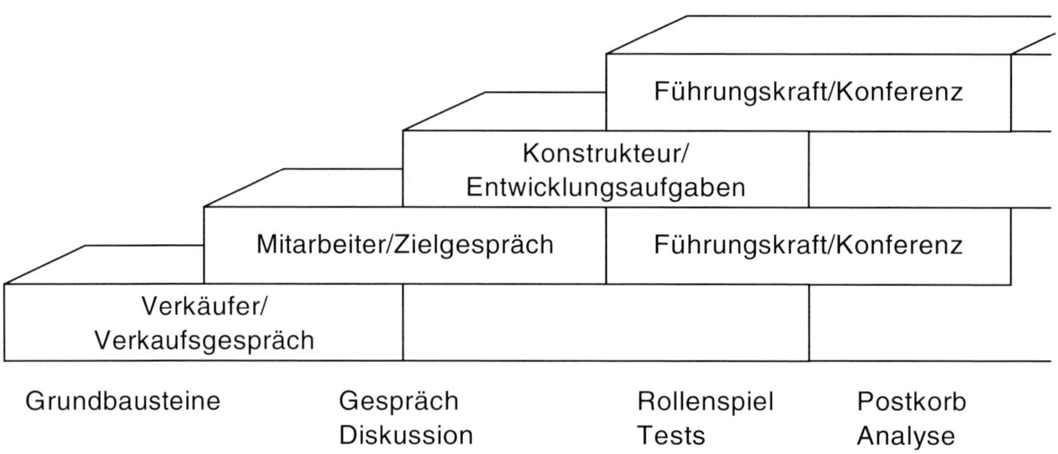

Abstimmung des AC auf das Anforderungsprofil

Um eine möglichst genaue Beurteilung zu erreichen, gilt die Faustregel, dass jedes Merkmal mehrmals in Einzelübungen auftauchen sollte und von verschiedenen Beurteilern unabhängig voneinander beobachtet wird.
Im Idealfall entsprechen die beobachteten Merkmale der Stellenbeschreibung oder dem Anforderungsprofil des Betriebs. Wenn Sie irgendwelche Rückschlüsse auf die Art der zu erwartenden Übungen ziehen wollen, dann können Sie dies am besten über eine Stellenbeschreibung tun. Die Anforderungsanalyse bestimmt, aus welchen einzelnen Aufgaben sich das Assessment-Center zusammensetzt.
Die Aufgaben werden so zusammengestellt, dass sie möglichst realistisch und komplett sind. Die so ermittelten Übungen werden in verschiedene Beobachtungssektionen unterteilt, die den Beobachtungskatalog bilden. Je besser das Zielverhalten beschrieben ist und je besser es in einem Assessment-Center repräsentiert wird, umso genauer fällt die Prognose für den späteren Berufserfolg aus.

Wer beobachtet die Kandidaten?

Wie werden Sie beobachtet bzw. beurteilt? Allgemein üblich ist die Beobachtung der Teilnehmer durch die Führungskräfte des Unternehmens.
Die Autoren eines Assessment-Centers gehen davon aus, dass niemand einen Bewerber besser beurteilen kann als diejenigen, die die Unternehmenswirklichkeit aus persönlicher Erfahrung kennen.

Beurteilungsfehler vermeiden

Mehrere Führungskräfte teilen sich in der Regel die Beobachtungsaufgaben in verschiedenen Situationen, denn Beurteilungsfehler werden durch mehrfache Beobachtungen ausgeglichen. Damit ist die Zuverlässigkeit des Gesamturteils gewährleistet.
Ein Beobachtertraining bereitet die Führungskräfte auf ihre spezielle Aufgabe vor. Die eigentliche Beobachtung erfolgt auf Grund genau festgelegter Kriterien. Je alltäglicher und eindeutiger diese Kriterien sind, desto objektiver ist die Beobachtung und somit die Bewertung. Nach jeder Übung tauschen sich die Beobachter untereinander aus und diskutieren ihre Ergebnisse.

Personalentwicklung mithilfe des Assessment-Centers

An Programme für die Personalentwicklung werden viele Erwartungen geknüpft. So müssen unterschiedliche Lebensphasen, das Leistungsniveau der Mitarbeiter und die Unternehmensstrategie berücksichtigt werden.

Viele Programme zur Personalentwicklung waren in der Vergangenheit oft reine Zeit- und Geldverschwendung, weil falsche Leute mit falschen Karrierevorstellungen in die falschen Trainings geschickt wurden.

AC zur Bedarfsanalyse für Trainings

Um die individuellen Fähigkeiten jedes Mitarbeiters zu nutzen und zu schulen, muss man diese zuerst kennen. Der Einsatz des Assessment-Centers als Bedarfsanalyse für Trainings stellt somit einen großen Wurf im Bereich der Personalentwicklung dar. Zunächst ist es wichtig, die individuellen Stärken, Schwächen und Potenziale der Mitarbeiter kennen zu lernen. Wenn daneben noch Parameter wie Leistung, Motivation und Entwicklungsziele erfasst werden, dann liegen ausreichend Daten für eine Planung vor.

Nach dem AC ...

Allerdings kann die Datenerhebung im Assessment-Center für sich allein nicht stehen bleiben. Was folgt, sind individuelle Rückmeldung, gezielte Fördermaßnahmen und Erfolgskontrolle. Die Diagnose durch das Assessment-Center allein stellt noch keine Personalentwicklung dar.

Gültigkeitsdauer der AC-Ergebnisse

Übrigens: Die Ergebnisse aus einen Assessment-Center sind nicht unbegrenzt gültig, im Gegenteil, sie sind zeitlich beschränkt. Maximal drei bis fünf Jahre kann man Ergebnisse aus einem Assessment-Center für zutreffend halten, denn Menschen verändern sich permanent nicht nur in ihren Leistungen, sondern auch in ihrer Persönlichkeit. Sofern Sie in einem Unternehmen arbeiten, das regelmäßig Assessment-Center abhält, sollten Sie in diesem Zeitraum eine sichtbare Entwicklung vorweisen können, um für ein weiteres Assessment-Center zugelassen zu werden.

Das Assessment-Center liefert im Augenblick der Durchführung eine Momentaufnahme. Weder sind Daten aus der Vergangenheit bekannt noch kann man sicher auf eine potenzielle Entwicklung in der Zukunft schließen. Um eine tatsächliche Entwicklung zu dokumentieren, muss das Assessment-Center in bestimmten Zeitabschnitten wiederholt werden.

Gezielte Förderung der Mitarbeiter

Es gibt neue Entwicklungen, die diesen Nachteil in gewisser Weise ausgleichen können. Dabei handelt es sich um Übungen, die die Lernfähigkeit und Entwicklungsfähigkeit der Teilnehmer überprüfen. Trotzdem bleibt es keinem Betrieb erspart, eigene Formen der Förderung zu entwickeln. Immer unwahrscheinlicher wird es, dass Angebote katalogmäßig offeriert werden, so wie sie jede Volkshochschule im Programm hat. In Zukunft haben wohl nur noch firmenrelevante Themen bei der Personalentwicklung eine echte Chance. Der im Assessment-Center erfolgte persönliche Gewinn kann in die Praxis übertragen werden, um in den Berufsalltag einzufließen.

Übungen in der Praxis

Einzelstudien

Empfehlenswert: eine „Firmenbibliothek"

Empfehlungen aus dem Assessment-Center können in Einzelarbeiten einmünden. Zu diesem Zweck sollte im Betrieb ein Studienzentrum vorhanden sein, das über die notwendigen Medien verfügt. Eine kleine Bibliothek mit Literatur zu fachlichen, psychologischen und sozialen Aspekten der Branche verbunden mit Basismaterialien zur programmierten Unterweisung bildet den Grundstock. Möglicherweise kann zukünftig ein Zentrum für Einzelarbeiten und Selbststudium aufgebaut werden.

Training per PC

Das in den letzten Jahren zusehends ausgeweitete Computer Based Training (CBT) mit Bildschirmarbeitsplatz und Internet kann in Basisbereichen eingesetzt werden. So gehören Programme für Kommunikation, Verkauf, Zeitmanagement, soziale Kompetenz und Performance heute fast überall zum Angebot von E-

Learnings. Es gibt außerdem viele Übungen im Internet, die dem Assessment-Center nachempfunden sind. Diese können Training und Nachbereitung zugleich sein.

Vor- und Nachteile des Einzeltrainings

Das Einzelstudium ist für den Betrieb äußerst günstig. In der Kosten-Nutzen-Relation wird es wohl kaum von einer anderen Trainingsmöglichkeit übertroffen. Der Nachteil ist, dass sich nur ganz wenige Menschen dazu eignen, über einen längeren Zeitraum selbstständig und ohne jede Kontrolle zu lernen. Hier könnte ein betriebliches Motivationssystem eingesetzt werden, das die Lernfortschritte der einzelnen Mitarbeiter begleitet und kontrolliert.

Unternehmensplanspiele

Lernziel: unternehmerische Sichtweise
Planspiele werden immer wieder von Zeitschriften, Handelskammern und Berufsschulen ausgeschrieben und durchgeführt. Sie eignen sich zur Förderung von jungen und begabten Mitarbeitern, um eine stärkere unternehmerische Sichtweise zu entwickeln. Die „Deutsche Planspielzentrale" gibt weitere Ratschläge.

Versuchen Sie, an diesen Planspielen teilzunehmen. Manchmal werden sie auch hausintern durchgeführt, indem eine Abteilung gegen die andere spielt.
Unternehmensplanspiele sind in unterschiedlichen Versionen auf dem Markt zu haben. Informationen erhalten Sie bei:

→ Deutsche Planspielzentrale
Vonkeln 51
42349 Wuppertal

→ Intergame
www.swissgame.ch

→ Ergebnisorientierte Planspiele
Institut für Wirtschaftsinformatik
Wilhelm Universität Münster
Steinfurterstr. 107
48149 Münster

Einzeltraining

Individuelle Schwächen beheben

Einzeltrainings bestehen in der Regel aus eintägigen Unterweisungen, die entweder hausintern oder -extern durchgeführt werden. Dabei werden ganz gezielt Schwächen angegangen, zum Beispiel in den Bereichen Kommunikation, Mitarbeiterführung, Zeitplanung und Außendienst.
Einzeltrainings werden von freien Trainern angeboten, können aber auch von einem Fachvorgesetzten durchgeführt werden. Im Gegensatz zum Gruppentraining kann das Einzeltraining gezielt auf die jeweiligen Bedürfnisse und Schwerpunkte eingehen. Idealerweise sollte das Einzeltraining von einem Trainer durchgeführt werden, der von einem direkten Vorgesetzten beraten wird.

Coaching

Was heißt eigentlich „Coaching"?

Der Begriff des Coaching ist in den letzten Jahren sehr populär geworden, hat aber eine enorme Inflation erfahren. Wurde früher darunter die Einzelhilfe in Krisenfällen verstanden, so versteht man heute darunter sowohl Einzeltraining, Beobachtung (Monitoring), Beratung (Mentoring), Laufbahnanalyse und Karriereplanung.
Im klassischen Sinne ist Coaching eine arbeitsplatzbezogene Beratung und Begleitung, die von einem Vorgesetzten oder einem externen Trainer durchgeführt wird. Es wird vor allem in Krisensituationen oder an beruflichen Knackpunkten eingesetzt.
Wird Coaching in Gruppen angeboten, so muss der Betrieb darauf achten, dass alle Teilnehmer dieser Fördermaßnahme einen vergleichbaren Bildungs- bzw. Ausbildungsstand haben.

Junior Board

Eine „zweite" Geschäftsführung

Der Junior Board kann als parallele Einrichtung zur Geschäftsleitung installiert werden. Er beschäftigt sich mit denselben Problemen wie die Geschäftsleitung und ist deshalb aktiv in das Tagesgeschehen einbezogen.

Die Rückmeldung für den Junior Board kann von der Geschäftsleitung erfolgen. Manche Firmen sind bereit, dem Junior Board ein Vorschlags- und Informationsrecht einzuräumen. Damit kommen alternative Lösungen auf den Tisch des Vorstands.
Der Junior Board wird dadurch aufgewertet, dass jeweils ein Mitglied der Geschäftsleitung turnusmäßig den Vorsitz übernimmt und die Arbeits- und Firmenstrategien erläutert.

Die Teilnahme an einem Junior Board kann sich für Sie schnell zu einem Karrieresprungbrett entwickeln.

Qualitätszirkel

Während Qualitätszirkel in der Vergangenheit vor allem in der Produktion eingesetzt wurden, wird diese Idee heute auf alle Bereiche der betrieblichen Arbeit übertragen. Dies gilt für Personal- und Führungsaufgaben genauso wie für Vertrieb und Dienstleistung.

Themen von Qualitätszirkeln

In den Qualitätszirkeln werden vielversprechende Mitarbeiter als Moderatoren eingesetzt. Sie konzentrieren sich ganz auf den Gruppenprozess. Die Aufgabenstellungen in den einzelnen Qualitätszirkeln sind unterschiedlich. So kann zum Beispiel die Verbesserung der Zusammenarbeit zwischen Außen- und Innendienst, die Optimierung der Auftragsabwicklung, die Verlagerung des Point of Sale oder eine größere Kundenorientierung das Thema eines ausgewählten Qualitätszirkels sein.

Inhalte von Arbeitskreisen

Dasselbe gilt für Arbeitskreise. Diese befassen sich mit den Außenkontakten des Betriebs. Es gibt Arbeitskreise Schule – Wirtschaft, IHK – Wirtschaft, Export und Außenhandel, Industriestandort Deutschland, Gewerkschaft – Betrieb usw.
Ebenso wie der Qualitätszirkel kann die Teilnahme an einem Arbeitskreis dazu beitragen, dass Sie beruflich vorankommen. Erfolgreiche Arbeitskreise tragen zum Überleben des Betriebs und zum wirtschaftlichen Gewinn bei.

Checkliste Personalentwicklung

Worauf Mitarbeiter(innen) achten sollten

→ Als Teilnehmer an einem Assessment-Center sollten Sie darauf drängen, eine Rückmeldung (Feedback) über Ihre Leistungen zu erhalten.
→ Bemühen Sie sich darum, nach einem Assessment-Center die Chance zur innerbetrieblichen Förderung zu bekommen.
→ Einen Karriereplan können Sie entweder betriebsintern oder -extern von einem Berater ausarbeiten lassen.
→ Für eine zukünftige Planung müssen Sie Ihre Stärken und Schwächen genau kennen.
→ Wenn Ihre Fähigkeiten nicht im Bereich Ihrer jetzigen Arbeit liegen, sollten Sie einen Stellenwechsel in Erwägung ziehen.
→ Erkundigen Sie sich nach den verschiedenen Möglichkeiten der Personalentwicklung im Betrieb und zeigen Sie deutliches Interesse an einer Teilnahme.

Wer setzt Assessment-Center oder vergleichbare Tests zur Bewerberauswahl ein?

Neue Namen für das AC

Wegen des angsteinflößenden, negativen Images des Wortes Assessment-Center sind zahlreiche Firmen inzwischen dazu übergegangen, andere Wortschöpfungen für dieselbe Sache zu verwenden. Einige hausinterne Bezeichnungen finden Sie auf Seite 24.
Für Sie als Bewerber ist diese Liste der Wortschöpfungen besonders dann interessant, wenn Sie zu einem Treffen eingeladen werden, über dessen Form und Inhalt Sie sich nicht vollkommen im Klaren sind. Es ist wichtig zu wissen, hinter welchen Formulierungen sich ein Assessment-Center verbergen könnte.

Inzwischen sind Assessment-Center in zahlreichen Unternehmen eingeführt und werden in einer festen Abfolge von Managementseminaren und Bausteinen zur Personalentwicklung angeboten. Regelmäßige Kontrollen, Schulungen und Assessment-Center wechseln sich ab und sind Bestandteil der Firmenkultur.

Wer verwendet welche Bezeichnungen?

Hausinterne Bezeichnungen für Assessment-Center

Firma (alphabetisch geordnet)	*hausinterne Bezeichnung*
Allianz Dresdner Bank AG	Personalentwicklungs-Seminar
Bayerische Hypo-Vereinsbank AG	Führungspotenzialbeurteilung
BMW AG	Mitarbeiterpotenzial-Analyse (MPA)
DaimlerChrysler AG	Qualifikationsseminar
Dienste in Übersee	Auswahlseminar
Deutsche Post AG	Auswahlverfahren D
Henkel AG	Trainingsseminar für akademische Nachwuchskräfte
IBM Deutschland	Mitarbeiterentwicklungsprogramm (MPE)
Kaufhof	Firmenleistungskreis AC
Lufthansa AG	Trainee-AC
Provinzial-Versicherungen	Standort- und Förderseminar
Standard Elektrik Lorenz AG	Management Identification Continuity (MIC)
Telekom AG	Auswahlverfahren
Vereinigte Versicherungsgruppe	Kontaktseminare
Westdeutsche Landesbank	Auswahltage

nach: Obermann

Zur Häufigkeit von ACs

In mehr als der Hälfte der umsatzstärksten deutschen Unternehmen werden ACs durchgeführt. Die Häufigkeit variiert beträchtlich. Während einige Unternehmen ein bis zwei Assessment-Center im Jahr veranstalten, kommen andere auf 20 bis 60. Der Schwerpunkt des Assessment-Centers liegt nach wie vor auf der Einstellung von Nachwuchs. Weniger häufig, nämlich in ca. 30 Prozent der Unternehmen, werden Assessment-Center zur Personalentwicklung eingesetzt. Tipp: Wenn das Assessment-Center im Betrieb zur Personalentwicklung eingesetzt wird, dann wird es zugleich auch zur Personalbeurteilung verwendet.

!

Wer setzt nun in Deutschland generell Assessment-Center ein? Wo müssen Sie bei einer Bewerbung mit einer Einladung zum Assessment-Center rechnen? Die wichtigsten und bekanntesten Anwender finden Sie in der folgenden Aufzählung:

Hier müssen Sie mit einem AC rechnen

Assessment-Center-Anwender in Deutschland (alphabetisch geordnet)

A

Aachener und Münchner Versicherung AG
Adam Opel AG
Agfa-Gevaert AG
Aldi Gruppe
Allianz AG
Amann & Söhne
Aral AG
Asko/Massa Gruppe
Avon

B

Bahlsen
Bank für Gemeinwirtschaft
BASF AG
Bausparkasse Schwäbisch Hall
Bayer AG

Bayerische Hypotheken- und Wechsel-Bank
Bayerische Landesbank
Bayerische Vereinsbank
Beiersdorf AG
Berliner Bank
Bertelsmann AG
Blaupunkt (Bosch Gruppe)
BMW AG
Boehringer
Bull Elektrik
Bundeswehr

C
Claas
Coca Cola AG
Colonia Versicherungs AG
Commerzbank AG
Conti-Gummi
Control Data

D
DaimlerChrysler AG
DATEV
Degussa AG
Deutsche Bank AG
Deutsche Bahn AG
Deutscher Entwicklungsdienst
Deutsche Post AG
Deutsche Rockwool
Deutsche Shell AG
Deutsche Sparkassen Akademie
Dienst in Übersee
DG Bank
Dr. Karl Thomae
Dresdner Bank AG

E
Edeka Zentrale AG
Eduscho
Esso

F
Ferrero
Festo
Ford-Händler Org.
Ford-Werke AG

G
Gerling Konzern Vertriebs AG
Gothaer Versicherungsbank
Großversandhaus Quelle
GTZ Gesellschaft für Technische Zusammenarbeit GmbH

H
Hamburg-Mannheimer Versicherungs AG
Haniel und Cie GmbH
Henkel KgaA
Hertie
Hoechst AG

I
IBM Deutschland GmbH
Industrieanlagen Betriebsgesellschaft mbH

J
Johnson Wax

K
Karstadt AG
Kaufhof AG
Kaufring AG

KHD
Klöckner & Co. AG
Kölnische Rückversicherung
Kreditanstalt für Wiederaufbau
Krupp AG

L
Leonberger Bausparkasse
Lidl
Linde
Lufthansa AG

M
3 M
MAN AG
Mannesmann AG
McDonald's
Merk
Metallgesellschaft AG
Metro International
Mövenpick
Münchener Rückversicherung

N
Nattermann
Norddeutsche Landesbank
Nordstern Versicherungen

O
Oetker
Otto Versand GmbH & Co.

P
Pepsi Cola
Phillips

Preussag
Provinzial Versicherung

R
R+V Allgemeine Versicherung
Raab Karcher AG
Rank Xerox
Reemtsma
Rewe Handelsgesellschaft
Rheinmetall GmbH
Robert Bosch GmbH
Ruhrkohle AG
RWE AG

S
Sandoz
Sanol Schwarz GmbH
SAP AG
Schering
Schiller GmbH
Schwarz Pharma
Siemens-Nixdorf AG
SKF
Sony
Standard Elektrik Lorenz AG
Stinnes AG

T
Targett Pegulan AG
Tchibo
Telekom AG
Tengelmann Warenhandelsgesellschaft
Thyssen AG
Thyssen Handelsunion AG
Touristik Union International (TUI)

U
Unilever GmbH

V
Varta
Veba AG
Vereinigte Aluminium Werke
Vereinigte Versicherungsgruppe
VIAG AG
Victoria Versicherung AG
Volksfürsorge Deutsche Lebensversicherung
Volkswagen AG

W
Westdeutsche Landesbank
Westdeutscher Rundfunk
Westfalenbank

Z
Zahnradfabrik Friedrichshafen

nach: Obermann

Wer plant das AC? Während Großunternehmen einen eigenen Stab zur Ausrichtung und Durchführung von Assessment-Centern haben, greifen kleinere und mittelständische Unternehmen auf Beratungsfirmen zurück. Diese richten das AC in enger Zusammenarbeit mit der Unternehmensführung für eine ganz bestimmte Zielgruppe aus.

Welche Branchen verwenden ACs? Während früher vor allem Unternehmen in personalintensiven Branchen wie Banken, Versicherungen, Finanzdienstleistungen und Unternehmen mit viel Hochschulnachwuchs auf das Assessment-Center zurückgriffen, erschließt sich diese Methode heute immer weitere Organisationen – beispielsweise den medizinischen Bereich, Pharmazie, das Gesundheitswesen und hier insbesondere die kassenärztliche Abrechnung. Aber auch Ingenieure, kirchliche Institutionen und Verwaltungen wenden dieses Verfahren häufig an. Der Einzug in mittelständischen Unternehmen vollzieht sich derzeit auf der Ebene der Führungskräfte, die gemeinhin als sehr teure Entscheidungsträger gelten und bei denen eine Fehlbesetzung auf alle Fälle vermieden werden soll. In diesem Bereich kommt das Einzel-Assessment zur Anwendung.

Einsatz von Assessment-Centern in der Praxis

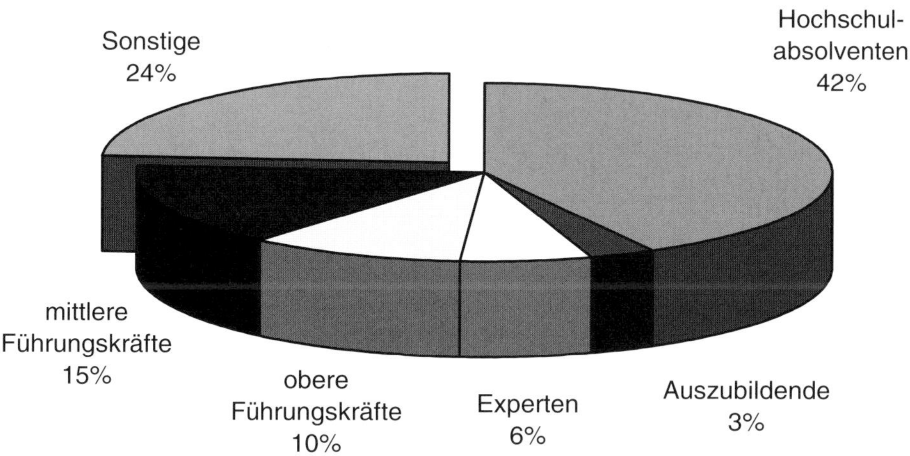

Die Grafik zeigt den jeweiligen prozentualen Einsatz des Assessment-Centers in der genannten Zielgruppe.
(Nach einer Umfrage in deutschen Unternehmen.)

Für welche Position wird getestet?

Zum Schluss dieses Abschnitts soll noch ein Aspekt zur Sprache kommen, der Sie sicher interessieren wird. Wo, d.h. in welcher Funktion oder auf welcher Ebene, müssen Sie mit der Einladung zu einem Assessment-Center rechnen? Die Grafik oben zeigt Ihnen die Antworten einer Umfrage in deutschen Großunternehmen. Diese gelten sowohl bei Einstellungen als auch bei Beförderungen im Rahmen der Personalentwicklung. Demnach werden Hochschulabsolventen und Führungskräfte am häufigsten zum AC eingeladen.

Haben Sie noch Bedenken?

„Schwarze Schafe" unter den AC-Anbietern

Ideal ist die Assessment-Welt leider nicht. Immer wieder versuchen Unternehmensberater, mit alten Entwürfen das schnelle Geschäft zu machen. Natürlich sind diese Angebote am günstigsten. Aber leisten sie auch, was sie versprechen? Aufgaben und Tests, die von der Realität weit entfernt sind, können das ganze Verfahren des Assessment-Centers in Misskredit bringen.

Das Assessment-Center bleibt damit nicht unumstritten, auch wenn es im Moment keine Alternative gibt. Zweifel an der Aussagefähigkeit von Tests werden allenthalben erhoben und das gilt für Tests generell.

Wie aussagekräftig sind Tests?

Viele Personalabteilungen schwören auf Auswahltests, die ihnen erlauben, die Spreu vom Weizen zu trennen. Ein Großteil der im Umlauf befindlichen Psychotests sind veraltet und es ist zweifelhaft, ob sie noch das messen, was sie zu messen vorgeben. Das soziale Umfeld, in dem sie einst erstellt und erprobt wurden, hat sich grundlegend geändert.

Rechtliche Bedenken

Doch nicht nur von psychologischer Seite gibt es Bedenken, auch Arbeitsrechtler sprechen von nicht ganz geklärten Fakten. So sind Fragen nur dann gestattet, wenn sie unmittelbar mit der Arbeit zusammenhängen. In den wenigsten Tests ist dies jedoch der Fall. Sind es gar Persönlichkeitstests, dann greifen die Fragen in die Intimsphäre ein und belästigen die Bewerber. Der tatsächliche Wert dieses Ausleseverfahrens ist möglicherweise weitaus geringer als die Verärgerung, die es hinterlässt.

Zur Rolle klinischer Tests

Noch ein weiterer Kritikpunkt muss bei Tests im Assessment-Center angemerkt werden. Die meisten psychologischen Tests sind aus den Bereichen der klinischen Psychologie entnommen. Diese bemüht sich um den Ist-Zustand eines Menschen, nicht jedoch um eine Aussage über seine zukünftige Entwicklung. Gerade das will das Assessment-Center aber erreichen. Klinische Tests haben im Assessment-Center wenig verloren. Sie sind zu einem völlig anderen Zweck konstruiert worden. Ihre Aussagekraft ist deshalb gering.

Sehen wir uns nun einige Punkte an, die vielen Bewerbern Kopfzerbrechen bereiten. Es handelt sich um die Themen: Offenheit gegenüber dem Bewerber, Qualität der Aussage sowie Beurteilungsfehler.

Offenheit

Vertrauen durch Transparenz

Die Transparenz der Ergebnisse ist eine Frage, die viele Bewerber beschäftigt. Nicht immer liegen die Ergebnisse und Bewertungskriterien offen. Das schafft Misstrauen.

Heute legen Firmen Wert darauf, dass aus dem Assessment-Center kein Geheimnis gemacht wird. So werden die Tagungspläne genau aufgelistet und das Wort Assessment-Center oder gleichartige Begriffe genauestens definiert und erklärt.

Auf diese Weise werden alle Teilnehmer informiert und eine Atmosphäre des gegenseitigen Vertrauens wird aufgebaut. Die Bewerber sollen das Center als ein Miteinander und nicht als ein Gegeneinander empfinden.

Abschlussgespräche

Zu den vertrauensbildenden Maßnahmen gehören Abschluss- und Beurteilungsgespräche mit allen Bewerbern. Stärken und Schwächen sollen besprochen und die Beurteilung zu einem Gespräch führen, in dem die Kriterien des Assessment-Centers offen gelegt werden.

In diesem Fall wird eine Ablehnung nicht als Katastrophe empfunden, sondern als das, was sie wirklich ist, nämlich die Suche nach dem Bewerber, der am besten für den Job geeignet ist. Rein rechtlich gesehen handelt es sich hierbei allerdings um ein Entgegenkommen der Firma, sie ist nicht dazu verpflichtet, ihre Bewertungskriterien offen zu legen.

Kosten eines AC

Offenheit ist natürlich auch ein Thema, das Sie als Bewerber betrifft. Sollten Sie das Assessment-Center nicht ernst nehmen, dann können Sie das durchaus in die Diskussion einbringen. Allerdings müssen Sie in vielen Fällen damit rechnen, dass die Veranstalter verärgert auf solche Kritik reagieren. Ein Assessment-Center kostet viel Geld. Pro Bewerber sind Summen zwischen 2.500 und 5.000 Euro anzusetzen. Das beinhaltet die Honorare der externen Experten und die Gehälter der teilnehmenden Vorgesetzten. Hinzu kommen noch Raummieten, Übernachtungskosten, Verpflegung, Reisekosten, Gebühren für das Testmaterial etc.

Zweischneidige Kritik am AC

Wer fünfstellige Beträge in ein Seminar investiert, möchte verständlicherweise ernst genommen werden. Mit der vorgebrachten Kritik können Sie sich unter Umständen selbst vom besten Listenplatz katapultieren. Aber das muss nicht immer zutreffen, unter Umständen erkennt man gerade daran Ihren kritischen Geist.

Ein wesentliches Qualitätskriterium des Assessment-Centers sind wie oben angedeutet offene und nachvollziehbare Aufgaben.

Tests werden nicht offen gelegt

Ganz anders hingegen sieht es bei Tests aus, sie werden streng geheimgehalten, damit keine Täuschung vorkommen kann. Dasselbe gilt natürlich auch für die Ergebnisse, die mit einem Test erzielt werden. Diese werden nur dem Auftraggeber zugänglich gemacht. Die damit erlangten Informationen kommen der Firma zugute und nicht Ihnen.

Vielleicht haben Sie es selbst schon bemerkt, wie eine Firma plötzlich das Interesse an Ihnen verlor. Da kann ein „verhauener“ Test eine Rolle gespielt haben. Sie kennen das Gefühl, wenn man abserviert wird und nicht weiß, warum.

Testaufgaben finden Sie ab Seite 68

Im Praxisteil stelle ich einige Tests vor, die Sie selbst machen und deren Auswertung Sie selbst durchführen und überprüfen können. Geheimniskrämerei entfällt damit und Sie können objektiv feststellen, was im Zweifelsfall so ein Test über Sie aussagen würde.

Damit erkennen Sie mögliche Schwerpunkte bei zukünftigen Tests. Testverfahren können so für Sie transparent und nachvollziehbar werden.

Qualität

Den hohen Kosten, die als offensichtlicher Nachteil eines Assessment-Centers erkannt werden, versuchen viele Firmen mit einer Sparversion zu entgehen. Allerdings mit der Folge, dass die Aussagefähigkeit des Assessment-Centers darunter leidet. Das geht manchmal so weit, dass unter Umständen andere Verfahren ein genaueres Bild der Bewerber liefern könnten.

Zur Aussagekraft von „Billig-ACs"

Es kann sein, dass die Veranstalter aus Kostengründen die billigsten Typen wählen und in breiter Version zur Seminargrundlage machen. Das können ausführliche „führerlose" Gruppendiskussionen sein oder endlos lange Testbögen zur Persönlichkeits- bzw. Intelligenzdiagnostik. Die finanziellen Einsparungen sind dabei beträchtlich. Der Aufwand an Beobachtern kann reduziert werden und die Kandidaten sind mit sich beschäftigt.

Die Ergebnisse sind allerdings eher allgemeiner Natur und es werden sich bestenfalls die redegewandten Kandidaten durchsetzen. Der falsche Kandidat wurde unter Umständen auf Grund eines schlecht durchgeführten Assessment-Centers ausgewählt.

Sparen an der falschen Stelle bringt nichts, im Gegenteil, es verfälscht das Ergebnis. Das müssen Unternehmen wissen, bevor sie sich zur Veranstaltung eines Assessment-Centers entschließen.

Gütekriterien für ACs

Die Aufgabentypen des Assessment-Centers sollten ausgewogen sein, sie sollten mindestens vier Beobachtern die Möglichkeit geben, denselben Kandidaten einzuschätzen. Die Methodik selbst lässt sich von dem zuvor angegebenen Anforderungskatalog ableiten.

Mindestens zweimal sollte jedes Anforderungsmerkmal in unterschiedlichen Aufgabentypen erfasst werden, besser ist die dreimalige Erfassung.

Die Ergänzung eines Assessment-Centers durch Tests ist sinnvoll. Die Tests dürfen aber nicht zum tragenden Element werden.

Was leisten „Standard-ACs"?

Wird vom Betrieb ein so genanntes Standard-Assessment-Center eingesetzt, so muss man dessen beschränkte Aussagefähigkeit bei allen Personalentscheidungen berücksichtigen. Unter Standard-Assessment-Center versteht man eine breit angelegte Untersuchung des Bewerbers, ohne dass ein bestimmter Aufgabenbereich besonders berücksichtigt wird. Sicher liegt beim Standard-Assessment-Center die Treffsicherheit höher als beim rein subjektiv geführten Personalgespräch, die optimale Lösung ist es jedoch nicht.

Um das kostengünstige Standardverfahren trotzdem verwenden zu können, wird dieses Verfahren vor allem zur Einstufung externer Bewerber verwendet. Diese werden in der Folge ja noch einer Probezeit unterworfen, so dass echte Beurteilungsfehler nur einen begrenzten Schaden anrichten können.

Beurteilungsfehler

Neben der sachgerechten Auswertung der schriftlichen Unterlagen und der Tests hängt die richtige Erarbeitung eines Bewerberprofils von der Schulung der Beobachter ab.

Firmen deuten bei der Durchführung von Assessment-Centern immer wieder auf interne Probleme hin. So fühlen sich Vorgesetzte von diesem unbekannten Verfahren überfordert. Der Betriebsrat erhebt Einsprüche und die Geschäftsleitung hält dieses Verfahren für zu teuer.

Anforderungen an die Beobachter

Eine Akzeptanz wird erst erreicht, wenn systematisch alle zuvor genannten Verantwortlichen in das Assessment-Center mit einbezogen werden. Ein wichtiger Aspekt ist die freiwillige Teilnahme der Beobachter. Werden diese abgeordnet, sehen sie etwa in einem notwendigen Beobachtertraining nur eine zusätzliche Belastung; so ist das ganze Verfahren infrage gestellt.

Notwendigkeit des Beobachtertrainings

Gründe, die Beobachtung selbst und das angebotene Beobachtertraining abzulehnen, gibt es zuhauf. Da weisen Personalchefs und Vorgesetzte einmal auf ihre langjährige Erfahrung bei der Mitar-

beiterbeurteilung hin, zum anderen auf ihre zweifellos vorhandene Menschenkenntnis und zum dritten auf die Zeit, die mit einem solchen Training verbunden ist.
Das alles sind zweifellos richtige Argumente, nur ist eben das Assessment-Center auf eine bestimmte Art der „Mikrobeobachtung" aufgebaut. Wer sie nicht beherrscht, beurteilt falsch bzw. dessen Beurteilung stimmt nicht mit der der anderen Beobachter überein.
Beobachter werden für die Übungen Gruppendiskussion, Rollenspiel, Präsentation, Interview und Postkorb benötigt. Die jeweiligen Beobachtungsprotokolle werten die Assessoren hinterher gemeinsam aus und besprechen im günstigsten Fall die Ergebnisse einzeln mit den Kandidaten.

Wenn Sie zu einem Assessment-Center eingeladen wurden, sollten Sie sich die hier genannten Fehlerquellen nochmals genau anschauen. Die Kritik, die Sie am Assessment-Center äußern, könnte an dem einen oder anderen dieser Punkte festgemacht werden.

Fehlerquellen im Assessment-Center

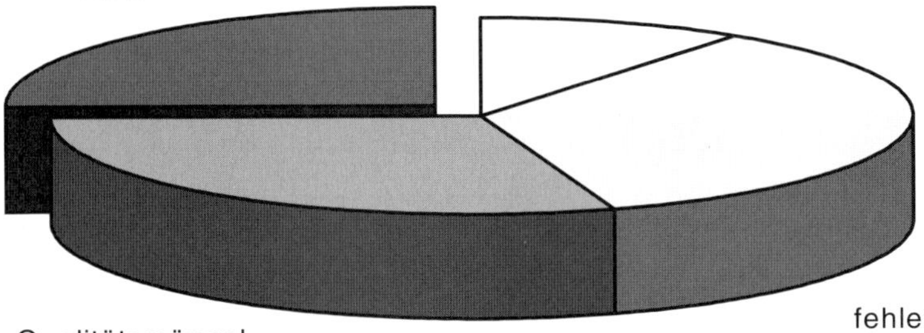

Zusammenfassung

Assessment-Center sind ein- oder mehrtägige Seminare, die der Personalauswahl oder Personalentwicklung dienen und die durch möglichst praxisnahe Aufgabenstellungen die geeigneten Kandidaten für eine Neueinstellung oder Beförderung innerhalb der Teilnehmergruppe ermitteln sollen. Vor allem für die Besetzung von Führungspositionen verwenden zahlreiche Unternehmen dieses Auswahlverfahren. Sorgfältig durchgeführte Assessment-Center besitzen durch bewährte Übungen und geschulte Beobachter eine hohe Aussagekraft.

2 Fallbeispiele

Fallbeispiel 1: Mehr als Kosmetik – Avon

Frauen sind nicht nur die besten Kunden von Avon, die Belegschaft besteht auch zu mehr als zwei Dritteln aus Frauen. In über 30 Prozent der Führungspositionen sitzen weibliche Manager. Vergleicht man das mit dem Bundesdurchschnitt von fünf Prozent, so hat Avon damit ein Übersoll erfüllt. Damit steht Avon unter den deutschen Unternehmen bei der Gleichstellung von Frauen an der Spitze.

Konsequente Frauenförderung zeigt Wirkung

Das liegt jedoch nicht an der Branche oder etwa an den Produkten, darauf legt man Wert bei der deutschen Tochter des amerikanischen Kosmetikkonzerns, sondern es liegt an der konsequenten Frauenförderung. Diese beginnt bei Bewerbung und Beförderung. Dort wird Frauen ein Vorrang bei gleicher Eignung mit den konkurrierenden männlichen Kollegen eingeräumt. Avon-Beraterinnen, traditionell der Löwenanteil der Beschäftigten, sind fast ausschließlich Frauen.

Bereits seit mehreren Jahren läuft ein Avon-Hochschulprojekt, in dem Studentinnen aus allen Fachrichtungen ein möglichst frühzeitiger Kontakt zur Wirtschaft angeboten werden soll. Avon fördert so in jedem Jahr eine wissenschaftliche Arbeit mit Praxisbezug unter dem Thema „Frauen in Gesellschaft und Beruf".

Geht man zum eigentlichen Erwerbszweck von Avon zurück, so wird das Rückgrat durch Avon-Beraterinnen gebildet. Die Zahl der Beraterinnen hält sich seit Jahren konstant um 200.000. Inzwischen sind nochmals 10.000 Beraterinnen hinzugekommen. Diese Gruppe wird auch künftig im Mittelpunkt der Arbeit von Avon

stehen, auch wenn die zu Beginn der 90er Jahre eingeführten Direktmarketing-Maßnahmen nach und nach greifen werden.
Durch Anzeigenkampagnen sollen Direktbestellungen der Kundinnen forciert werden. Trotzdem haben sich die Beraterinnen als stabiles Element erwiesen. In den Rezessionsjahren 1992 und 1995 ist der Umsatz des Hauses kaum zurückgegangen. Avon pflegt deshalb seine Repräsentantinnen mehr denn je. Nicht nur Verkaufsunterlagen, Proben und Vorführprodukte sind Teil der Grundausstattung, sondern auch intensive Trainings und Seminare. Damen, die sich für Avon entscheiden, tun dies vor allem wegen der völlig freien Zeiteinteilung und der guten Verdienstmöglichkeiten. Viele der so genannten Silver Stars (Beraterinnen, die mit ihren Umsätzen an der Spitze liegen) sind seit 15 bis 20 Jahren für Avon tätig. Avon bietet damit sichere Langzeitjobs.

Das AC als praxisorientierte Auswahlmethode

Einer der Gründe, sich bei der Auswahl vieler alternativer Methoden auf das Assessment-Center zu einigen, war, weniger über die Praxis zu reden, als vielmehr konkretes Handeln zu zeigen. Erst das gibt Aufschluss über vorhandene Fähigkeiten und Fertigkeiten.
Bei einem Geschäftsvolumen von ca. 400 Millionen sind die Mitarbeiter und Mitarbeiterinnen von Avon das wertvollste Kapital.
Und um den Mitarbeitern, die neu in das Unternehmen kommen und für eine Aufgabe ausgewählt werden sollen, ein klares Bild von ihren Fähigkeiten zu geben und dies auch dem Beurteiler zu vermitteln, ist für Avon das Assessment-Center nötig. Es ist dabei unerheblich, ob ein Einzel-Assessment oder ein Gruppen-Assessment gestartet wird.

Wie sieht die Bewerberauswahl bei Avon aus?

Einsatz verschiedener ACs

Bei Avon sind unterschiedliche Assessment-Center im Einsatz. Dabei werden in halbtägigen Einzel-Assessments vorwiegend zwei bis drei Arbeitsproben verlangt. Dazwischen liegen eintägige, aber auch zweieinhalb- und dreitägige Assessment-Center. Letztere werden vorzugsweise als Gruppen-Assessments abgehalten.

Bezug zur späteren Aufgabe

Die Übungen bei Avon sind praxisbezogen. Dabei kommen etwa für Verkäufer Verkaufsgespräche in Frage, bei Vorgesetzten sind es Mitarbeitergespräche, Entscheider sehen sich mit Computersimulationen konfrontiert, während Mitarbeiter in der Verwaltung die bekannten Postkorb-Übungen absolvieren.

Übungsformen

Psychologische Tests, Persönlichkeits-, Verhaltens- oder Intelligenztests, bei anderen Assessment-Centern durchaus üblich, werden bei Avon nur in bescheidenem Ausmaße angewandt. Als weitere Variante der vielen Möglichkeiten des Assessment-Centers verwendet Avon den Wechsel von Einzel- und Gruppenübungen. Das hat sich als Vorteil erwiesen, auch wenn sich im Laufe der Zeit die Ergebnisse der Einzelübungen als qualitativ hochwertiger erwiesen haben als die der Gruppensitzungen.

Die Gestaltung des Assessment-Centers beruht, wie bereits erwähnt, bei Avon auf einer möglichst genauen Kopie der Praxis. Das kann im Einzelfall zu Stress und Angst führen. Allerdings ist diese Erfahrung wichtig für den späteren Arbeitserfolg im Betrieb, beim Marketing oder vor Ort bei der Kundschaft.

Beobachter

Beurteilt werden die Bewerber bzw. Teilnehmer von zumeist zwei ranghohen Vorgesetzten. Diese werden wiederum von externen Beobachtern oder von Psychologen eines Beratungsunternehmens unterstützt. In der Regel sehen Sie sich als Bewerber oder Bewerberin zwei Beobachter- bzw. Beurteilergruppen gegenüber.

Informationspolitik

Bewerber und Teilnehmer werden bereits im Vorfeld über das Assessment-Center bei Avon informiert. Diese Informationen beinhalten neben einer allgemeinen Beschreibung die Zielrichtung und verdeutlichen außerdem anhand von Beispielen, welche Kriterien verwendet werden.

Im konkreten Fall sind das zwei Schwerpunkte: Einmal die möglichst realistische Darstellung der Ist-Situation, mit der der Bewerber oder die Bewerberin im Betrieb konfrontiert wird. Zum anderen soll die Differenz zwischen dem Angebot des Bewerbers bzw.

der Bewerberin und der tatsächlich geforderten Leistung aufgezeigt werden.
Jeder Teilnehmer im Assessment-Center erhält über seine Leistungen ein individuelles Feedback. Das hat sich insgesamt gesehen als stabilisierendes Element bei der Auswahl und bei der Personalentwicklung erwiesen. So ist es möglich, jedem Abgewiesenen plausibel zu machen, warum er abgewiesen wurde. Was beim Assessment-Center von Avon besonders wichtig scheint, sind folgende Punkte:

- → Die Aufgaben sind unmittelbar vergleichbar.
- → Die Teilnehmer haben die Möglichkeit, sich selbst besser kennen zu lernen.
- → Das Verhalten in der Alltagssituation wird von Unabhängigen beobachtet und objektiv zurückgemeldet.
- → Eine hohe Übereinstimmung zwischen Wirklichkeit und Assessment-Center ist gewährleistet.
- → Die persönliche Antriebskraft wird entwickelt, die sowohl in dieser Situation als auch bei zukünftigen Bewerbungen hilft.

Fallbeispiel 2: Dienste in Übersee – Auslandsmitarbeiter sind eine besondere Klientel

„Die evangelischen Kirchen in Deutschland als Teil der Kirche Jesu Christi in aller Welt haben die Arbeitsgemeinschaft ‚Dienste in Übersee' mit dem Auftrag geschaffen, auf Anforderung aus anderen Ländern Fachkräfte für eine zeitlich begrenzte Tätigkeit zu vermitteln." So steht es in den Geschäftsgrundlagen von „Dienste in Übersee", kurz DÜ genannt.

„Dienste in Übersee“ versteht sich als kirchliche Organisation der personellen Entwicklungshilfe, die mit dem Austausch von Mitarbeitern die ökumenische Verbundenheit der christlichen Kirchen in aller Welt dokumentiert. Die von „Dienste in Übersee“ vermittelten Fachkräfte werden in ein bereits bestehendes Management oder in eine kirchliche Organisation im Ausland integriert. Sie kommen dem Modell der integrierten Fachkräfte sehr nahe, wie es beispielsweise vom ded (Deutscher Entwicklungsdienst) bekannt ist.

Die Auswahl der Bewerber für Übersee beschränkt sich, das macht schon die Themenstellung deutlich, auf eine sehr enge Klientel, nämlich auf Menschen, die Experten auf ihrem Gebiet sind.

Einsatz des AC

Wenn wir davon ausgehen, dass nur acht Prozent aller Experten an einem Assessment-Center teilnehmen müssen, dann trifft das für DÜ nicht zu. Bei DÜ müssen grundsätzlich alle zum Assessment-Center. Letzteres wird DÜ-intern als „Auswahlseminar“ oder als „Auswahlgespräch“ bezeichnet.

Einladung der Familie

Sicher ist dies bei dem außerordentlich heiklen Auftrag, den DÜ für andere Kirchen übernimmt, auch gerechtfertigt. Zum Auswahlseminar werden auch der mit ausreisende Partner und die Kinder eingeladen.

DÜ übernimmt sozusagen das Personalgeschäft im Auftrag einer überseeischen Kirche, wobei diese zumeist in einem Entwicklungsland liegt. Das muss aber nicht sein, so werden oder wurden in der Vergangenheit Experten nach Japan, Korea, die ehemalige Sowjetunion oder nach Brasilien vermittelt. Der weitaus größte Teil des Einsatzgebietes der DÜ-Experten liegt in Afrika, Süd- und Mittelamerika und in Ozeanien.

Ob es sich nun um sorgfältig vorbereitete Vorstellungsgespräche, um das Einholen von Referenzen oder um die Analyse des Lebenslaufs handelt, jeder, der das Personalgeschäft betreibt, kennt seine Grenzen und erkennt zugleich die Unsicherheit der Aussage darüber, ob der richtige Kandidat für diese Position gefunden wurde oder nicht. Dies gilt insbesondere für Experten, die im

Ausland in eine Führungsposition einsteigen und zudem beinahe immer von außerhalb kommen, also mit der internen Struktur von DÜ nicht vertraut sind.

Dauer des Auswahlverfahrens

Die Arbeitsplätze, die DÜ vergibt, sind vielfältig und ebenso ist das Arbeitsfeld innerhalb der Partnerkirchen breit gefächert. Vom Zeitpunkt des ersten Kontaktes, der Bewerbung, bis hin zur tatsächlichen Ausreise können ein oder zwei Jahre vergehen. Das zeigt, dass DÜ seine Bewerber sorgfältig und längerfristig kennen lernen will.

Dass die Ehepartner an einem Auswahlseminar teilnehmen, mag für Deutschland ein Novum sein, in Amerika ist es hingegen üblich. Es spricht jedoch bei DÜ einiges für eine gemeinsame Auswahl, zumal die Erfahrung zeigt, dass Ehen im Ausland außergewöhnlichen Belastungen unterworfen sind.

Übungsformen

Inhaltlich gestaltet sich das Assessment-Center als dreitägiges Auswahlseminar, das ausgefüllt ist mit folgenden Elementen: intensive Gespräche, Besprechung einzelner Projekte, Rollenspiele, Bewerbungsgespräch, psychologisches Eignungsgespräch und Arbeitsprobe (in einzelnen Fällen). Es geht nicht darum, die Stärken und Schwächen einzelner Paare herauszuarbeiten, sondern es geht darum herauszufinden, ob die Bewerber in individueller Ausprägung, im Führungsstil und in der Verhaltensstruktur zur Unternehmenskultur passen.

Identifikation mit dem kirchlichen Umfeld

Durch die partnerschaftliche Atmosphäre wird jeder Abend zum geselligen Erlebnis, zugleich aber auch zur absoluten Kür in Sachen Selbstdarstellung. Zwar helfen so genannte Einführungsseminare dabei, sich nach und nach in das kirchliche Umfeld einzuleben, wer aber dazu keinen Zugang hat, wird über kurz oder lang die Flinte ins Korn werfen.

DÜ betrachtet das Auswahlseminar als ein zusätzliches, sehr wichtiges Erkenntnisinstrument. Es dient nicht nur dazu zu sehen, ob ein Bewerber bzw. eine Familie geeignet ist, sondern auch dazu, die spezifischen Grenzen einzelner Bewerber oder Partnerschaften auszuloten. So können Erwartungen an eine spätere Zusammenarbeit bereits im Vorfeld zurechtgerückt werden, die ohne das Assessment-Center weiter bestehen würden.

Zur Rolle der ausländischen Partnerkirchen

Herauszuarbeiten wäre noch, dass trotz der sorgfältigen Auswahl immer wieder Enttäuschungen und Fehlbesetzungen auftreten. Dies muss aber nicht unbedingt DÜ angelastet werden. So können eine unzureichende Selbstbeurteilung der überseeischen Partnerkirchen, deren undurchsichtige Personalstruktur und finanzielle Probleme im zukünftigen Projekt der Grund für eine Fehlbesetzung sein. Oft überschätzen überseeische Kirchen bzw. Projekte ihre eigenen Fähigkeiten. Dann ist allerdings die Basis für die vorher sorgfältig erarbeitete Geschäftsgrundlage hinfällig.

DÜ handelt im Auftrag von überseeischen Vertragspartnern. Die angewandten Übungen und Maßstäbe sind deshalb von vornherein auf den Einsatz in Übersee abgestimmt. Soweit dies möglich ist, sollen die Experten auf die Aufgaben des zukünftigen Tätigkeitsfeldes vorbereitet werden.

Ist das Auswahlseminar von DÜ richtig angelegt und wird es ernsthaft und sorgfältig angewendet und ausgewertet, dann ergeben sich sowohl für den Anwender als auch für den Bewerber neue zusätzliche Erkenntnisse. Bewerber, die sich mit einer gewissen Skepsis an dem DÜ-Auswahlverfahren beteiligen, werden feststellen, dass sie viele zusätzliche und unerwartete Selbsterfahrungen gemacht haben.

Fallbeispiel 3: Volkswagen AG – ein Traineetag im Konzern

Jedes Jahr werden bei Volkswagen eine große Gruppe Trainees eingestellt. Zu diesem Zweck hat VW die Traineetage eingeführt. Die Zahl der Eingeladenen pro Tag schwankt zwischen 300 und 500 Bewerbern.

Erwartet werden neben frisch Diplomierten auch Studienabbrecher, Quereinsteiger mit wechselndem Lebenslauf und ehemalige Selbstständige. VW setzt ganz auf die Karte des Assessment-Centers, worauf die Idee des Traineetages tatsächlich beruht. Im Assessment-Center ist nicht immer der Student mit dem besten und schnellsten Studienabschluss auch automatisch der Beste. Auch Lebenserfahrung, kreative Lebensgestaltung, Auslandstätigkeit und Selbstständigkeit können zu einem hohen Punktekonto im Assessment-Center führen.

Wer wird eingeladen?

So zählen die Jahre, die jemand damit verbracht hat, eine eigene Firma aufzubauen, ebenso viel wie ein Diplom. Letztendlich lässt sich beides nicht gegeneinander abwägen, es kommt immer auf den Einzelfall an.

Übungsformen

Der Beweggrund für Volkswagen zur Einführung des Assessment-Centers im Rahmen der Traineetage war das Unbehagen über die vorherige Form der Bewerbung. Lebenserfahrung, Durchsetzungsvermögen und Verhandlungsgeschick lassen sich nicht so einfach aus den Zeugnissen ersehen.

Bei den Traineetagen von VW werden Gruppen von acht bis zehn Teilnehmern gebildet, die sich bewähren müssen. Die Kandidaten entscheiden selbst, ob sie am Assessment-Center teilnehmen oder nicht. Die Aufgaben, die bei VW in dieser Situation gestellt werden, sind dem klassischen Muster zuzuordnen: Gruppendiskussion über ein vorgegebenes Thema, Postkorb-Übungen, Rollenspiel und Vortrag bzw. Zusammenfassung der Diskussion.

Beobachter

Die Beobachterrolle fällt zur Hälfte den zukünftigen Vorgesetzten zu, die andere Hälfte der Beobachter stellt das VW-Fachpersonal.

Auch diejenigen, die bei den Traineetagen abgewiesen werden, bestätigen, dass dieses eineinhalbtägige Assessment-Center für sie zu einem wichtigen Lern- und Erfahrensprozess geführt hat. Doch nicht nur das, auch die Beobachter, also die Führungskräfte von VW, wachsen in dieser Situation an ihren Aufgaben.

Informationspolitik

Die Teilnehmer an den Traineetagen erhalten nach der Auswertung einen schriftlichen Bescheid; für mündliche Rücksprachen ist die Zeit zu knapp bemessen.

Fallbeispiel 4: Targett Pegulan AG – Personalentwicklung einmal anders

Nach der Einrichtung von nationalen Assessment-Centern liegen internationale schon in greifbarer Nähe. Viele Multis lassen bereits heute ihre Arbeitskräfte international rekrutieren. Die Assessment-Sprache ist Englisch.

Wie in vielen Unternehmen, die international tätig sind, stammen auch bei der Targett Pegulan AG die 4.500 Mitarbeiter aus den unterschiedlichsten Ländern. Obwohl die Verwaltung in Deutschland sitzt, sind nur ein Drittel der Belegschaft Deutsche. Die Targett Pegulan AG ist der zweitgrößte Bodenbelaghersteller mit Stammhaus in Schweden. Die Produktionsstätten liegen an elf Standorten und der Verkauf erfolgt international in Europa, USA, Asien, Australien und Afrika. Die Geschäftssprache ist Englisch. Da Targett Pegulan mehrheitlich zum schwedischen Stora-Konzern gehört, ist Internationalität vorgegeben.

Kriterium für die Personalauswahl: internationale Zusammenarbeit

Welche Möglichkeiten und Probleme ergeben sich nun bei einer so engen Zusammenarbeit von international rekrutierten Mitarbeitern? Es sind dieselben Probleme, die in der Regel auch bei der Zusammenarbeit verschiedener Tochterunternehmen auftauchen. Wünschenswert wäre es, Führungskräfte speziell für diesen Bereich zu trainieren. Doch darauf ausgerichtete Trainings gibt es bislang noch nicht. Außerdem sollten die Kriterien für Manager festgelegt werden, die den internationalen Nachwuchs des Konzerns bilden. Solche Seminare gibt es bei den bundesdeutschen Veranstaltern noch nicht, alle Anfragen brachten nur Absagen.

Die Targett Pegulan AG stellte daraufhin ihre eigene Truppe zusammen. Unter der Leitung des Schweden Lars Wissen wurde eine Initiative für Personalmanagement gestartet. Ziel war, das Persönlichkeits- und Leistungspotenzial aller Nachwuchskräfte festzustellen, um dieses international für den Konzern nützen zu können.

Ziele des AC-Einsatzes

Ein spezielles Assessment-Center von einer Woche Dauer wurde mithilfe eines externen Beraters aus der Taufe gehoben. Es erfüllte die Hoffnungen in zweierlei Hinsicht. Zum einen erhält der Konzern einen Überblick über die „most promising candidates". Zum anderen erhalten Letztere Rückmeldung darüber, wo sie im Moment stehen, welche Stärken sie haben und welche Schwächen bis zur nächsten Etappe noch auszubügeln sind.

Wer nimmt am internationalen AC teil?

Einer konzernweit zusammengestellten Nachwuchsgruppe wird nun regelmäßig ein internationales Assessment angeboten. Hierzu werden 20 Mitarbeiter für eine Woche zusammengefasst. Die vier Besten, die so genannten „Stars of Team", erhalten eine Chance bei der Konzernmutter in Schweden. Doch auch für die anderen Teilnehmer fällt einiges ab. So werden manchen Mitarbeitern Referendariate bei einer ausländischen Tochter angeboten. Die Teilnehmer rekrutieren sich international, mit dem Schwerpunkt Nordeuropa. Schweden, Finnen und Norweger sind am stärksten vertreten. An zweiter Stelle stehen Deutsche und Engländer.

Erkundigt man sich nach dem Eindruck, den die Teilnehmer nach dieser einwöchigen Prüfung haben, dann ist man überrascht. Die Meinungen reichen von positiv bis exzellent. Vor allem die internationale Gruppenarbeit scheint viele zu begeistern. Das bedeutet aber nicht, dass die Arbeit nicht anstrengend wäre, im Gegenteil, das Assessment-Center ist in Sachen Persönlichkeit und Potenzial eine mehrfache Herausforderung.

Übungsformen

Die Teilnehmer werden während des Assessment-Centers mit Arbeit geradezu überhäuft. Den Kern ihrer Aufgaben bilden Fallstudien, die direkt aus dem Alltag des Konzerns stammen. Internationale Zusammenarbeit, Marktdaten und Verkaufsentwicklung werden mitgeliefert. Die Teilnehmer erhalten eine Aufgabe, die sie in der Gruppe lösen müssen. Bei Postkorb-Übungen darf der allgemein übliche Zeit- und Entscheidungsdruck nicht fehlen. Rollenspiele entfallen allerdings, dafür werden Simulationsaufgaben gestellt. Die Woche ist außerdem vollgepackt mit Vorträgen, Diskussionen und Besichtigungen. Schließlich werden auch noch Fallstudien ausgearbeitet.

Dabei wird die Individualität des Einzelnen nicht vernachlässigt, in der Gruppenarbeit kann sich jeder so einbringen, wie er das für richtig hält. Ein Unternehmen lebt davon, dass es ganz unterschiedliche Leute beschäftigt. Wer diese zu einem internationalen Team zusammenschweißen kann, hat einen Schritt in die richtige Richtung getan.

Zentral: internationale Teambildung

Zusammenfassung

Fallbeispiele ganz unterschiedlicher Firmen – vom Automobilkonzern bis zum Kosmetikhersteller – verdeutlichen, wie das Instrument „Assessment-Center" auf die personellen Anforderungen des jeweiligen Unternehmens abgestimmt wird. Entscheidend ist die Praxisorientierung der eingesetzten Aufgabentypen von Arbeitsproben, Rollenspielen, Gruppendiskussionen bis hin zu Präsentationen und Postkorb-Übungen. Hinzu kommt die klare Ausrichtung des Seminars auf das jeweilige Stellenprofil: Werden viel versprechende Außendienstmitarbeiter(innen), belastbare Entwicklungshelfer oder international orientierte „Teamplayer" gesucht?

3 Der richtige Bewerber am richtigen Platz

Was die Firma unternimmt, bevor Sie in die engere Wahl kommen

Kernziel jeder Personalarbeit

Das eigentliche Ziel jeder Personalbeschaffung ist der richtige Mann bzw. die richtige Frau am richtigen Platz. Der Erfolg jedes Unternehmens und die Zufriedenheit der Mitarbeiter hängen davon ab. Soll dieses Ziel erreicht werden, so ist genau betrachtet ein relativ aufwändiges und hochwertiges Verfahren erforderlich.
In den meisten modernen Betrieben ist dieses Verfahren standardisiert. Die Auswertung der Tests soll eine Vergleichbarkeit aller Bewerber gewährleisten. Wie gehen nun die meisten großen Unternehmen vor? Die folgenden Punkte sind wichtig:

Anforderungsprofil

Systematische Personalplanung und -entwicklung

In der ersten Phase einer Personalbeschaffung steht die Personal- und Anforderungsplanung. Während das Prinzip der Personalplanung früher mit „Von der Hand in den Mund" oder „Kesselflicken" umschrieben werden konnte, steht demgegenüber im modernen Betrieb eine systematische Personalplanung und -entwicklung. Anforderungen an bestimmte Arbeitsplätze und damit auch an die Mitarbeiter stehen heute mehr und mehr im Mittelpunkt der Überlegungen. In Abstimmung mit der Unternehmensleitung wird die Personalplanung erarbeitet. Mittels eines Bedarfs-

plans wird sichergestellt, dass zum richtigen Zeitpunkt die richtigen Mitarbeiter an den richtigen Arbeitsplatz kommen.
Zwei wichtige Unterlagen müssen hierzu vom Betrieb erstellt werden. Das ist zum einen die Arbeitsplatzbeschreibung und zum anderen das Anforderungsprofil. Beide müssen aufeinander abgestimmt sein.

Vorgehen bei der Personalbeschaffung

	Personalbeschaffung
Phase I	Anforderungsprofil Anzeige aufgeben Stellenanzeige erscheint
Phase II	Bewerbungsunterlagen gehen ein Grobselektion und Versand der Absagen Feinselektion, Besprechung im Fachbereich Terminabsprache mit den Bewerbern
Phase III	Termine und Unterlagen an die Personalabteilung Erstes Auswahlinterview (Check-in) Diagnose und Auswertung Einladung zum Assessment-Center Durchführung des Assessment-Centers
Phase IV	Auswertung des Assessment-Centers

Anforderungsprofile können sich ändern. Sie müssen deshalb alle zwei Jahre vom Vorgesetzten im Betrieb geprüft werden.

Personalbeschaffung

Möchte man die Wege einer Personalbeschaffung nachvollziehen, dann lässt sich folgender kurzer Überblick geben:

Anforderung an das zukünftige Personal

Was einer Stellenanzeige vorausgeht

Zunächst wird vom Fachbereich bzw. vom unmittelbaren Vorgesetzten ein Anforderungsprofil erstellt. Dieses wird zusammen mit einem Anzeigenrohentwurf an die Personalabteilung weitergereicht. Die Personalabteilung überprüft die gemachten Angaben und stimmt diese mit dem Profil ab. Wenn alle Einzelheiten abgesprochen sind, wird die Schlussfassung einer Anzeige getextet, die dann in die Medien kommt.

Unternehmensberatung versus eigene Personalabteilung

Eine eventuell dazwischengeschaltete Agentur oder Unternehmensberatung erledigt sowohl die Anzeigenschaltung als auch die erste Vorstellung der Kandidaten. Verfolgt die Personalabteilung die Einstellung im eigenen Auftrag, so wird an einem vorausbestimmten Termin die Anzeige in den Medien geschaltet und man wartet den Eingang der ersten Bewerbungen ab.

Bearbeitung der Bewerbungen

Telefonische Bewerbung und E-Mails

Telefonische Vorabinformationen für qualifizierte Bewerber

Nachdem mehr und mehr Firmen dazu übergehen, auch telefonische Bewerbungen und E-Mails zu akzeptieren, wird in vielen Fällen ein Wochenenddienst eingerichtet. Bewerbungsgespräche am Telefon sind immer dann wichtig, wenn die ausgeschriebene Stelle sich an Kandidaten wendet, die bereits eine gesicherte Position innehaben. Das sind zum Beispiel Manager mit Veränderungsabsichten. Der Telefondienst muss mit hoch qualifizierten Mitarbeitern ausgestattet werden, die fachgerecht informieren können. In der zuvor geschalteten Annonce sind Sprechzeiten, Namen, Funktionen, Homepage und E-Mail dieser Mitarbeiter genannt.
Sollten weitere Telefonate von Bewerbern eingehen, die diesen Fachdienst nicht erreichen, wird der Anruf vom Sekretariat aufgenommen, das wiederum die Daten an die Personalabteilung weiterleitet. Die gewünschten Unterlagen werden dann an den Bewerber geschickt.

Schriftliche Bewerbung

Bearbeitung im Sekretariat

Die schriftlich eingehenden Bewerbungsunterlagen werden im Sekretariat geöffnet und das Bewerbungsschreiben wird mit Eingangsstempel, fortlaufender Nummer und gegebenenfalls mit einem Hinweis versehen. Oft wird schon hier überprüft, ob die Unterlagen vollständig sind. So könnten Telefonnummern, Zeugniskopien, Lebenslauf und Ähnliches fehlen. Diese Unterlagen werden nachgefordert. Mit der Eingangsbestätigung versenden Firmen gerne Public-Relations-Material sowie einen Personalfragebogen. Erst die vollständigen Bewerbungsunterlagen gehen weiter an die zentrale Personalabteilung.

Grobselektion

Werden die Unterlagen zurückgeschickt?

Die Personalabteilung sichtet zunächst die Unterlagen in einer ersten Selektion. Dort werden die ersten Absagen formuliert und über den Postweg an die Empfänger geschickt. Während früher die eingereichten Bewerbungsunterlagen zurückgereicht wurden, kann es heute durchaus der Fall sein, dass Sie folgenden Hinweis finden:

> Aus Gründen der Portoersparnis leiten wir Ihre Bewerbungsunterlagen nicht zurück. Sie werden zentral bei uns vernichtet.

Da dieses Vorgehen immer häufiger anzutreffen ist, möchte ich Ihnen nochmals eindringlich raten, **keinesfalls** Originalunterlagen bei einer Bewerbung mitzuschicken. Kopien genügen, notfalls können Sie zum Vorstellungsgespräch beglaubigte Kopien oder Originale mitbringen.

Vorbereitung

Informieren Sie sich über das Unternehmen!

Auf das erste Auswahlgespräch sollten Sie sich immer sehr sorgfältig vorbereiten. Dazu gehört die Analyse des zugesandten Public-Relations-Materials und anderer zur Verfügung stehender Schriften. Unter Umständen ist auch ein Gang zur örtlichen Industrie- und Handelskammer ganz nützlich. Dort können Sie die Daten aller wichtigen Unternehmen in Deutschland einsehen. Auf jeden Fall sollten Sie sich auf der Homepage des jeweiligen Unternehmens informieren. Je besser Sie Ihren Zielbetrieb kennen, des-

to größer sind die Chancen. Firmenbeschreibungen finden Sie unter anderem auch auf der „Hoppenstedt"-Homepage.
Im Gegenzug wird sich der Betrieb Ihre Unterlagen genauestens anschauen. Sie werden dort nach folgenden Gesichtspunkten sortiert:

Formanalyse

Der erste Eindruck der Bewerbung

Sind Anschreiben, Lebenslauf und Zeugnisse vollständig? Wie sehen die Bewerbungsunterlagen aus? Sind sie sauber zusammengestellt und hat die Reihenfolge eine bestimmte Ordnung?
Die Angaben in den Unterlagen und im Lebenslauf müssen übereinstimmen – sowohl im Hinblick auf die Zeiten als auch auf die verschiedenen Tätigkeiten.
Wie sehen die Angaben im Lebenslauf aus? Sind sie logisch verständlich und inhaltlich präzise?
Welche Aussagekraft hat das begleitende Schreiben? Besteht es im Wesentlichen aus Floskeln oder ist Kreativität zu erkennen?

Versetzen Sie sich am besten in die Lage der Personalabteilung. Analysieren Sie alles, schon bevor Sie die Bewerbungsunterlagen einreichen.

Inhaltsanalyse

Eine detailliertere Analyse der Unterlagen

Wie sieht eine Inhaltsanalyse aus? Wichtig ist: Sie geht tiefer ins Detail als die Formanalyse. Die Fragestellungen der Firmen sind dabei unterschiedlich. Besonders geprüft wird, ob die Schule selten oder mehrmals gewechselt wurde. Wurden Klassen wiederholt? Wie sieht es mit der Berufsausbildung oder mit dem Studium aus? Wie viel Zeit musste der Bewerber dafür aufwenden? Lassen sich gute Beurteilungen finden? Liegen diese alle auf derselben Linie?
Kann man aus dem Lebenslauf einen Begabungs- oder Interessenschwerpunkt herausfiltern? Ist also ein so genannter „roter Faden" im Lebenslauf sichtbar?
Hat der Kandidat einen häufigeren Stellenwechsel vorzuweisen? Waren bisherige Beschäftigungsverhältnisse kurzfristig, liegen da-

zwischen längere Zeiten der Arbeitslosigkeit? Manchmal sind Firmenwechsel mit einem Karrieresprung verbunden. Wie sieht es damit aus? War das häufiger oder gar nie der Fall?
Wenn in einem Arbeitszeugnis steht, dass der Bewerber die Stelle auf Grund einer Rationalisierungsmaßnahme oder einer Teilbetriebsstillegung verlassen musste, wird man nachfragen, ob das wirklich stimmt oder ob es sich um eine Gefälligkeitsaussage handelt.

Bewerbungsschreiben

Sehr wichtig: ein überzeugendes Anschreiben

Das Bewerbungsschreiben unterliegt in erster Linie dem in der Psychologie bekannten Phänomen des ersten Eindrucks. Sie sollten es deshalb sehr sorgfältig abfassen. Hier werden vermutlich die Weichen für alle weiteren Beurteilungsschritte gestellt. Sollten Sie bei der Abfassung unsicher sein, konsultieren Sie am besten einen Bewerbungsberater. Adressen und Angebote finden Sie im Internet.

Zeugnisse

Inzwischen hat es sich bei allen Firmen herumgesprochen: Schulnoten sind wenig aussagefähig. Die Bemerkungen zu Verhalten und Mitarbeit hingegen sind sehr aufschlussreich.
Schulnoten werden deshalb weniger als Einzelnoten ausgewertet, sondern als Globalnote, die eine Tendenz aufzeigt. Wichtig ist in diesem Zusammenhang auch die Art und Zusammensetzung der Fächer sowie eine regelmäßige schulische Ausbildung.

Worauf achten Personalchefs?

Weitere Informationen, die eher versteckt zugänglich sind, finden sich in Ihren Arbeitszeugnissen. Neben der „Geheimsprache Arbeitszeugnis“ sind insbesondere die Kündigungstermine aufschlussreich. So ist eine Kündigung zum Quartalsende weitaus eher geläufig als eine Kündigung zur Monatsmitte. Die Tätigkeits- und Leistungsbeurteilungen bieten eine Fülle von versteckten Hinweisen über Ihre Leistungen in Ihren bisherigen Beschäftigungsverhältnissen.[1]

---

[1] Vgl. Siewert: Arbeitszeugnisse, mvg-verlag

Das geschieht aber nicht dadurch, dass alles aufgeschrieben wird, sondern durch das Weglassen besonders typischer Informationen wie Pünktlichkeit, Korrektheit, Fairness usw.
Das Verhalten wird in der „Geheimsprache Arbeitszeugnis“ ausgedrückt. So sind negative Formulierungen wie „Galt als toleranter, kritisch-konstruktiver Mitarbeiter“ jedem Personalsachbearbeiter bekannt.
Eine weitere Quelle von Informationen bietet der Grund des Ausscheidens aus einem vorherigen Arbeitsverhältnis. Steht dort: „im beiderseitigen Einvernehmen“, leuchtet schon die rote Warnlampe beim Sachbearbeiter auf.

Lebenslauf

Die Rolle des Lebenslaufs nicht unterschätzen!

Dem Lebenslauf wird mehr Aufmerksamkeit geschenkt, als man gemeinhin annehmen sollte. Die genaue Lebenslaufanalyse ist inzwischen ein Fachthema bei jeder Weiterbildung im Personalbereich. Wie ist die Leistung, erkennt man Brüche, Lücken oder gar einen deutlichen Leistungsabfall? All das kann man aus dem Lebenslauf herauslesen.

Bewerbungsbogen (Personalfragebogen)

Fragebogen zum Vergleich der Daten

Der Bewerbungsbogen bzw. Personalfragebogen schließlich dient dem Vergleich der Informationen. Fachkenntnisse, Hobbys, Vorstrafen, Begründungen für frühere Wechsel usw. – all das sind Informationen, die im Personalbogen erfasst werden. Heute können Sie diesen Bogen im Internet ausfüllen und zurückmailen.

Erstes Auswahlinterview

Für ein erstes Auswahlinterview spielt der organisatorische Rahmen eine große Rolle. Sie sollten genügend Zeit einplanen, damit Sie pünktlich vor Ort sind, um ausgeruht am Auswahlinterview teilzunehmen.

Der Raum des Interviews wird von der Firma bestimmt, damit haben Sie nichts zu tun. Allerdings sollten Sie sich den Weg dorthin genau beschreiben lassen, damit Sie nicht aufgeregt durch die Gänge irren und immer nervöser werden.

Wer nimmt am Gespräch teil?

Die Interviewer selbst werden speziell zu dieser Vorauswahl von der Firma ausgesucht. In der Regel sind es zwei oder drei Beauftragte, ein Fachvorgesetzter, ein Sachbearbeiter oder eine Sachbearbeiterin und ein Protokollant bzw. eine Protokollantin.

Typische Fragen

Da die Vorauswahl Zeit und Kosten verursacht, wird ein solches Gespräch sehr kurz gehalten. Einige typische Fragen, auf die Sie sich schon jetzt vorbereiten können, finden Sie in folgender Übersicht:

Typische Fragen bei der Vorauswahl

Eingangsfragen

1. Wie wurden Sie auf uns aufmerksam?
2. Hatten Sie schon früher Kontakt mit unserer Firma?
3. Warum wollen Sie bei uns anfangen?
4. Welche Alternativen sehen Sie sonst?
5. Warum halten Sie sich für geeignet?

Fragen zur Berufsausbildung

1. Wie war Ihre bisherige Ausbildung?
2. Woran hatten Sie das meiste Interesse?
3. Wo liegen Ihre Stärken/Schwächen?
4. Haben Sie das Studium/den Beruf gewechselt? ... und warum?
5. Mit welchem Abschluss haben Sie bestanden?

Fragen zum sozialen Hintergrund

1. Wo sind Sie aufgewachsen?
2. Sind Sie ortsgebunden?
3. Haben Sie Hobbys?

4. Können Sie besondere soziale Aktivitäten nennen?
5. Sind Sie gesund und körperlich belastbar?
6. Würde Ihnen ein Arbeitsplatz in X-Stadt zusagen?
7. Sind Sie vorbestraft?
8. Haben Sie einen gültigen Führerschein?
9. Sind Sie verheiratet/geschieden?
10. Wie viele Kinder haben Sie?

Auf solche Fragen sollten Sie vorbereitet sein!

Fragen zum Abschluss

1. Sind Sie mit einer werksärztlichen Untersuchung einverstanden?
2. Ab wann können Sie bei uns anfangen?
3. Würden Sie evtl. an einem Assessment-Center teilnehmen?
4. Haben Sie noch weitere Fragen an uns?

Die Auswertung wird von der Interviewergruppe erstellt und der Personalabteilung übergeben.
Diese leitet besonders interessante Bewerbungen an den Fachbereich weiter. Von dort aus erfolgt dann die endgültige Entscheidung über die Teilnahme am Assessment-Center.

Nun kann es losgehen

Die Einladung zum AC

Wenn alle Papiere an die Assessoren weitergeleitet sind, kann es losgehen. Die Assessoren bereiten sich genauso intensiv auf das Assessment-Center vor wie die Bewerber. Deren Unterlagen werden den Assessoren zugestellt und sie werden zu einem Auswahlinterview eingeladen.

Mit welchen Tests müssen Sie rechnen?

Während und nach dem Auswahlinterview wird die endgültige Entscheidung getroffen, wobei das Assessment-Center selbst als komplettes Auswahlseminar gesehen werden kann. Während des Durchlaufs werden Fachtests vorgenommen. Wie diese aussehen, schildert das nächste Kapitel. Hinzu kommen noch tiefenpsychologische Tests, die die Persönlichkeit darstellen sollen. Dazu finden Sie in den folgenden Kapiteln einige Beispiele. Schließlich werden in speziell erstellten Tests Spezialwissen, Belastbarkeit, Arbeitstechniken, Durchsetzungsvermögen und Arbeitsmotivation ausgelotet.

Das Sekretariat wird Ihnen den ausgefertigten Vertrag zur Unterschrift zusenden, sofern Sie alle Tests bestanden haben.

Zusammenfassung

Bevor ein Bewerber zum Assessment-Center eingeladen wird, trifft das Unternehmen eine sorgfältige Vorauswahl. Systematische Personalplanung beginnt mit der Präzisierung des Anforderungsprofils und dem Veröffentlichen entsprechender Stellenanzeigen, setzt sich fort in der Grobselektion der Bewerbungen und der genaueren Analyse interessanter Bewerbungsunterlagen und mündet schließlich in die Einladung zum Auswahlinterview und/oder Assessment-Center. Dieses Kapitel hat Sie mit den Kriterien der Bewerber(vor)auswahl vertraut gemacht und Ihnen wichtige Hinweise für Erfolg versprechendes Verhalten im Bewerbungsverfahren gegeben.

4 Auf diese Übungen sollten Sie sich vorbereiten

Welche Tests erwarten Sie?

Auch wenn die Einstellungstests immer als ein Ganzes gesehen werden sollten, so zerfallen sie doch in einzelne genau definierte Teile. Diese Teile möchte ich hier kurz ansprechen und vorstellen.

Berufseignungstest

Begabungen erkennen

Der am häufigsten verwendete Test im Assessment-Center ist der Berufseignungstest. Es ist ein Psychotest zum Erkennen von beruflichen Begabungen und Fähigkeiten. Er misst außerdem die Fähigkeit, sich längere Zeit unter Stress zu konzentrieren.
Alle in diesem Bereich vorgestellten Tests werden als Papier- und Bleistiftarbeiten angeboten, können aber auch direkt am PC bearbeitet werden.

Persönlichkeitstest

Der zweitwichtigste Test im Assessment-Center ist der Persönlichkeitstest. Heute gehen die meisten Betriebe davon aus, dass die fachlichen Fähigkeiten zur Genüge über Zeugnisse, Kurse, Arbeitsproben und Probezeit geprüft werden können.

„Problematische" Eigenschaften ermitteln

Anders hingegen sieht es mit der Persönlichkeit aus. Wer gibt dem zukünftigen Arbeitgeber die Garantie, dass er einen loyalen und ehrlichen Mitarbeiter gewinnt? Ein Persönlichkeitstest kann zwar

keine hundertprozentige Gewissheit verleihen, aber er gibt zumindest eine hohe Sicherheit. Problematische Persönlichkeitsstrukturen sind im Test erkennbar und Extreme im Verhalten werden in jedem Test sichtbar. Allerdings macht der Test keine Aussage darüber, wie sich dies im Alltag auswirkt.
Der Persönlichkeitstest wird als Papier- und Bleistifttest während des Assessment-Centers durchgeführt. Er dient bei einer länger andauernden Arbeitszeit dazu, zu überprüfen, inwiefern die Konzentrationsfähigkeit des Bewerbers oder der Bewerberin mit der Zeit nachlässt. Am PC erarbeitete Tests messen zudem die Gesamtzeit.
Die Analyse der Persönlichkeit ist mehr als nur eine Beschäftigung mit einem hochinteressanten Themenbereich. Nur so können längerfristig fundierte Aussagen über die Persönlichkeitsentwicklung gemacht werden.

Intelligenztest

Eher selten: IQ-Tests

Weniger häufig werden Sie im Assessment-Center mit Intelligenztests (kurz IQ-Tests) konfrontiert. Trotzdem sind sie hin und wieder Bestandteil des Verfahrens.
Da gerade IQ-Tests besonders knifflige Detailfragen enthalten, die man innerhalb einer bestimmten Zeitspanne lösen muss, wird diese Testart besonders gern zur Stressmessung verwendet.
Man muss sich schon ausgefuchster Techniken bedienen, um bei einem IQ-Test nicht zu versagen, der zugleich unter Zeitdruck anzufertigen ist. Doch darauf möchte ich in einem späteren Kapitel zu sprechen kommen.

Postkorb-Übung

Obwohl die Postkorb-Übungen schon längere Zeit bekannt sind – sie sind nämlich eine der Ursprungsaufgaben im Assessment-Center –, werden Bewerber immer wieder davon überrascht. Dafür sorgt auch das üblicherweise verwendete Kürzel „PKÜ-Aufgaben". Darunter können sich unbedarfte Bewerber noch weniger vorstellen.

Postkorbübung: Simulation des Arbeitsalltags

Bei den Postkorb-Übungen handelt es sich um eine Sammlung von einzelnen Aufgaben, die jeweils auf den zu besetzenden Arbeitsplatz zugeschnitten sind. Bei einem Posten in der Bank sind also Bankvorfälle zu erledigen bzw. die entsprechenden Entscheidungen zu treffen, bei einem Posten im Management sind Personalentscheidungen zu tätigen oder Führungsaufgaben zu bewältigen. Immer muss der Postkorb unter Zeitdruck bearbeitet werden. Störungen sind eingeplant, so können „Telefonanrufe" oder „Mitarbeiter", die sofort eine spontane Entscheidung erheischen, den Arbeitsablauf erheblich stören.

Begründung der eigenen Entscheidungen

Allgemein wird die Postkorb-Übung als äußerst stressreich erlebt. Bewerber müssen sich zudem noch einem nachfolgenden Interview aussetzen, bei dem sie ihre Entscheidungen begründen müssen.

Je näher die Postkorb-Übung an der Wirklichkeit ist, desto besser ist die Vorhersagequalität. Bei der Postkorb-Übung wird nicht nur Entscheidungsfreude gemessen, sondern auch Führungsstil, Organisationstalent, Arbeitsstil und Stressverhalten.

Gruppendiskussion

Während in den ersten Assessment-Centern häufig eine Diskussionsgrundlage und -führung vorgegeben wurde, hat sich das in den 70er Jahren gründlich geändert.

Besonders die Erforschung von T-Groups in der Sozialpsychologie hat neue Erkenntnisse über das Verhalten in menschlichen

(Kommunikations-)Gruppen gebracht. Diese Entwicklungen sind auch am Assessment-Center nicht spurlos vorbeigegangen. Die führerlose Gruppe wurde schon wenige Jahre später als Standard eingeführt.

Der neueste Trend: führer- und themenlose Gruppendiskussion

Waren zu Beginn noch ein bestimmtes Thema oder mehrere Themen zur Diskussion vorgeschlagen, so ist auch dies im Laufe der Zeit entfallen. Bewerber werden heute mit zwei Arten der Gruppendiskussion konfrontiert: mit der führerlosen und mit der führer- und themenlosen Gruppendiskussion. Dieser Teil der Übung fehlt in keinem Auswahlseminar.

Mithilfe der Gruppendiskussion soll die sich kurzfristig aufbauende Sozialstruktur einer Gruppe untersucht werden. Nicht immer sammelt derjenige Punkte, der am meisten redet. Sozialverhalten ist ein sehr komplexes Gebilde. Wenn Teamgeist angesagt ist, dann erntet derjenige die meisten Punkte, der sozialintegrative Fähigkeiten zeigt und andere mit unterstützendem Verhalten motiviert.

Die Bewertung in der Gruppendiskussion wird später noch ausführlich besprochen.

Präsentation

Zeitdruck

Bei der Aufgabe der Präsentation liegt es an Ihnen, sich kurz in einen Sachverhalt einzuarbeiten und diesen dann vor versammelter Gruppe darzustellen. Dabei kann es sich um ein Problem im Personalbereich handeln, um eine betriebliche Umstrukturierung oder um Optimierungsvorschläge. Allen Aufgaben ist gemeinsam, dass sie unter Zeitdruck zu bearbeiten sind, ein paar Dokumente vorgelegt werden, es häufig nur eine richtige Lösung gibt und Sie gezwungen sind, diese so schnell wie möglich herauszufinden und überzeugend darzustellen.

Probleme aus der Praxis

Probleme werden gerne aus der Praxis genommen. So wird ein Betriebswirt mit Lean-Production konfrontiert, ein Buchhalter mit einem neuen Buchungssystem etc. Je nachdem, um welche Positi-

on es geht, können auch Themen aus bestimmten Randbereichen gewählt werden.
Bei der Präsentation müssen Sie mit vielen Überraschungen und Zwischenfragen rechnen.

Rollenspiel

Führungsqualitäten testen

Beim Rollenspiel handelt es sich zumeist um ein zehn bis 20 Minuten dauerndes Gespräch zwischen Ihnen und einem Partner oder mehreren Personen. Als Vorbereitungszeit stehen Ihnen fünf bis zehn Minuten zur Verfügung. Sehr häufig wird ein Gespräch zwischen einem Mitarbeiter und einem Vorgesetzten gewählt. Als Bewerber um eine höhere Position werden Sie sich immer in der Rolle des Vorgesetzten wiederfinden.
Da die Qualitäten von Spieler und Mitspieler gleich verteilt werden sollen, wird zumindest einer Ihrer Mitspieler ein zukünftiger Vorgesetzter sein, ein Assessor oder ein externer Unternehmensberater, der dieses Assessment-Center betreut.

Auch hier: Zeitdruck

Ein gängiges Mittel, um Ihren Stress zu erhöhen, ist die begrenzte Vorbereitungszeit. Sie können sich kaum effektiv einarbeiten und sind schon in der Situation gefordert. Wie verhalten Sie sich richtig? Auch diesen Themenbereich wollen wir später näher untersuchen.

Interview

Das Interview schließlich entspricht etwa dem hinlänglich bekannten Vorstellungs- und Bewerbungsgespräch. Es nimmt trotz aller Tests, Rollenspiele und sonstiger Aufgaben einen wichtigen Platz in der Personalentscheidung des Unternehmens ein.

Gesprächspartner

In der Regel werden Sie beim Interview geschulten Personalsachbearbeitern bzw. Interviewern gegenübersitzen. Ein wesentliches Ziel des Interviews ist, herauszufinden, ob Sie die ausgeschriebene

Stelle ausfüllen können. Deshalb werden externe Bewerber besonders strikten Interviews ausgesetzt. Bisweilen kommen zwei oder drei Interviewer auf einen Kandidaten.

Dauer Die Dauer eines Interviews kann variieren. Möglich ist ein zeitlicher Rahmen von 30 bis 80 Minuten.

Inhalte Während früher Fragen zu fachlichen Fähigkeiten im Vordergrund standen, sind es heute meist Fragen, die die Motivation der Bewerber überprüfen sollen, deren soziale Fähigkeiten zur Mitarbeiterführung und -beurteilung. Sehr häufig sind erklärungswürdige Punkte aus dem vorgelegten Lebenslauf Gegenstand des Interviews.

Stressinterview

Eine Variante des Interviews ist das so genannte Stressinterview. Wie der Name schon sagt, müssen Sie bei dieser Form des Interviews damit rechnen, dass Sie während des Interviews massivem Stress ausgesetzt werden. Man wird mit allen erdenklichen Mitteln versuchen, Sie aus dem Konzept zu bringen. Dazu kann gehören, dass Ihr Gesprächspartner ohne ersichtlichen Grund unfreundlich wird, dass er Sie persönlich angreift oder Sie ständig unterbricht. Außerdem wird man versuchen, Ihnen in fachlicher Hinsicht „am Zeug zu flicken". Auf diese Weise will man Ihre Stresstoleranz, Ihr Reaktionsvermögen und Ihr Aggressionspotenzial testen.

Der wichtigste Tipp lautet hier: Ruhe bewahren und sachlich reagieren!

Auswertung

Die Auswertung aller Tests und Übungen erfolgt zum Schluss des Seminars. Sicher ist es nicht immer möglich, alle während des Seminars erfassten Daten zum Ist-Zeitpunkt zur Verfügung zu haben. Trotzdem sollte eine Auswertung und eine abschließende Besprechung nicht auf einen zu späten Zeitpunkt verschoben werden, sondern sich sofort und unmittelbar nach Ende des Seminars anschließen.

Selbst auch Kritik und Lob äußern

In der Abschlussbesprechung kommen alle Übungsteile zur Sprache. Sie haben nun Gelegenheit zur Kritik, aber auch zum Lob an dem durchgeführten Auswahlverfahren. Immerhin kann das Assessment-Center, wenn es korrekt durchgeführt wurde, mit Recht von sich behaupten, dass es eines der fairsten Auswahlverfahren darstellt.

Bewerber mit Assessment-Center-Erfahrung berichten immer wieder, dass das Seminar zwar viel Stress auslösen kann, zugleich aber ein großes Stück Lebenserfahrung und Erkenntnis vermittelt. So gesehen kann ein Assessment-Center eine bleibende Erfahrung werden.

Individuelles Feedback

Die Rückmeldung kann individuell oder in der Gruppe geschehen. Eine individuelle Rückmeldung ist vorzuziehen, weil dann Rückfragen und klärende Worte möglich sind. In der Gruppe wird das Ergebnis nicht so sehr als individuelle Leistung wahrgenommen, sondern als gemeinsames Teamwork.

Berufseignungstest

Ein Test, der zum Erkennen von beruflichen Begabungen und Fähigkeiten dient, wurde vom Institut für Diagnostik entwickelt. Er eignet sich zur Verknüpfung mit anderen Entscheidungs- und Auswahlmethoden, unter anderem auch zum Einsatz im Assessment-Center. Berufseignungstests sind in dieser oder ähnlicher Form in ganz Europa im Einsatz und inzwischen in alle europäischen Sprachen übersetzt.

Ich möchte hier diesen und die folgenden Tests samt Auswertung auszugsweise vorstellen (mit freundlicher Genehmigung der Pegastar AG[1]).

Vergleich Anforderungsprofil – Eigenschaften

Ich darf nochmals darauf hinweisen, dass weder Schulzeugnisse noch eigene Interessengebiete einen hundertprozentigen Hinweis auf die berufliche Eignung bzw. auf den späteren Berufserfolg geben können.

In dem Test werden nicht etwa nur einzelne Merkmale verglichen und beurteilt, sondern ganze Merkmalsbündel, die für die jeweilige berufliche Tätigkeit wichtig sind. Dabei entsprechen einzelne Eigenschaften einem zukünftigen Berufsbild, andere hingegen widersprechen diesem. In einem ganzen Katalog von Anforderungen werden Tätigkeits-, Begabungs- und Interessenbereiche sondiert und mit den Testleistungen verglichen.

Der hier vorgestellte Berufseignungstest kann als typischer Vertreter sämtlicher Tests dieser Art gewertet werden. Er erkundet sieben berufsspezifische Eigenschaften und wirft ein Fähigkeitsprofil aus. Anhand dessen wird der Arbeitgeber einschätzen, ob der zu vergebende Arbeitsplatz von Ihnen ausgefüllt werden kann. Die erhobenen Variablen sind:

Diese Eigenschaften werden getestet

→ sprachliche Begabung
→ Rechenfertigkeit und logisches Denken
→ Kreativität
→ Merkfähigkeit
→ künstlerische Begabung
→ technische Begabung
→ soziales Einfühlungsvermögen

Alle Eigenschaften werden mit dem Computer ausgewertet, gespeichert und mit dem gesuchten Bedarfsprofil verglichen.

---

[1] Testformulare zum Selbsttest können kostenlos angefordert werden bei: Pegastar AG, Plain d´ Areuse, CH - 2013 Colombier, www.pegastar.ch

Damit müssen Sie rechnen – Testaufgaben

Aufgaben aus dem sprachlichen Bereich

Lösungen auf Seite 192

Der Test misst die sprachliche Begabung, die für viele gehobene Berufe eine fundamentale Voraussetzung ist. So sind zum Beispiel Manager zu 90 Prozent mit sprachlichen Aufgaben betraut.

Aufgabe 1

Sie sehen fünf Wörter. Zwei davon sind mehr oder weniger verwandt. Kreuzen Sie die Wörter an, die am wahrscheinlichsten zusammengehören.

☒ Verteidigung
☒ Streitgespräch
☐ Entscheidung
☐ Untersagung
☐ Manöver

Aufgabe 2

Die erste Zeile der dargestellten Matrix wurde mehrmals zyklisch nach links verschoben, und zwar jeweils in der Waagerechten. Wie viele Stellen muss man insgesamt zurückschieben, damit in der Senkrechten vier Wörter lesbar werden? Bitte kreuzen Sie Zutreffendes an.

A	M	N	T
O	A	A	O
T	G	L	L

☐ eine Stelle
☐ zwei Stellen
☒ drei Stellen
☐ vier Stellen
☐ fünf Stellen

Aufgaben aus dem mathematisch-logischen Bereich

Rechnen und logisches Denken gehören dann zum „Gepäck“, wenn man im analytischen Bereich tätig ist. Komplexe Aufgaben in der Praxis können nicht ohne logisches Denken bewältigt werden. Überdurchschnittliches Können in diesem Bereich wird vor allem in kaufmännischen und technischen Berufen verlangt.

Lösungen auf Seite 192

Aufgabe 3
Von fünf Baggern wird ein Fundament in 15 Tagen ausgehoben. Wie lange würden drei Bagger benötigen?

☐ 19 Tage ☐ 20 Tage ☐ 23 Tage
☐ 25 Tage ☐ 30 Tage

Aufgabe 4
Eine Stadt hat fünf Brücken, die folgendermaßen angeordnet sind:

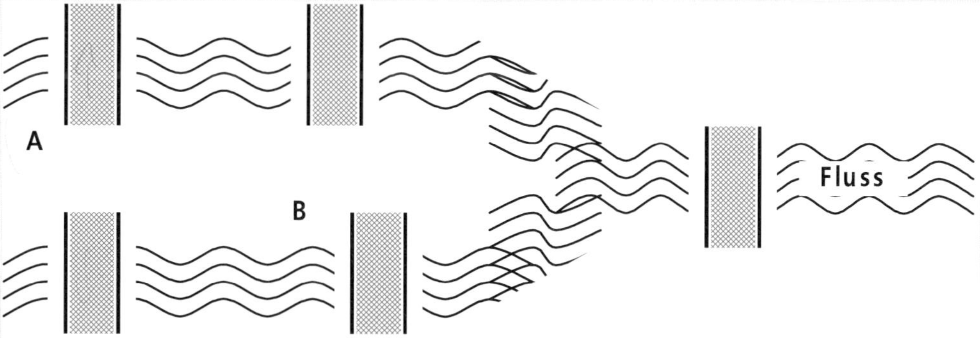

Ist es möglich, von A nach B einen Spaziergang so zu machen, dass ein Spaziergänger über alle fünf Brücken geht, ohne jedoch eine Brücke zweimal zu überqueren?

☐ ja ☐ nein

Aufgabe 5

Welche Zeichnung ist richtig?

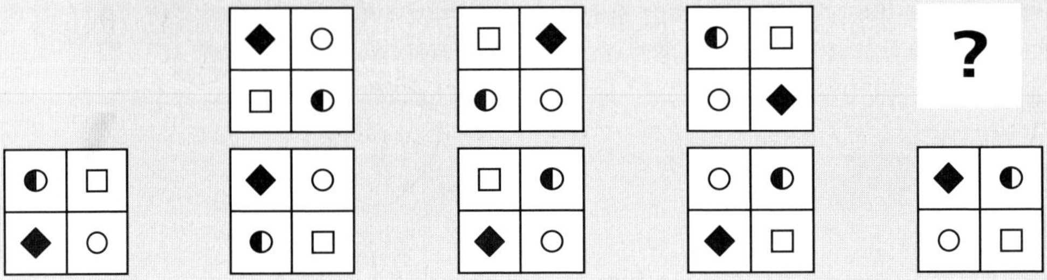

☐ a ☐ b ☐ c ☐ d ☐ e

Aufgabe 6

Welche Zeichnung passt?

☐ a ☐ b ☐ c ☐ d ☐ e

Eine Aufgabe aus dem kreativen Bereich

Der Test misst die Kreativität, also Eigenschaften wie Ideenreichtum, schöpferische Produktivität, flexibles Denken und Erfindungsgeist. Kreativität ist für viele Berufe wichtig. Leider kann man bis heute noch nicht die Qualität einer kreativen Leistung messen; allerdings ist wissenschaftlich inzwischen nachgewiesen, dass bei einer größeren Menge von Vorschlägen qualitative Sprünge auftreten.

Lösung auf S. 192

Aufgabe 7
Bitte ergänzen Sie die unten stehenden Wortfragmente im gepunkteten Bereich. Schreiben Sie möglichst viele Wörter auf, die die angegebenen Bedingungen erfüllen. Alle Wörter sind erlaubt.

Beispiel: „...ach...“: Nachtwache, Bachbett, Nachwahl, Nachtmahl, Nachwehen ...

Sie haben fünf Minuten Zeit.

...reis...
...oben...
...keit...
...zum...

Eine Aufgabe aus dem Bereich „Gedächtnisleistung"

Der Subtest „Gedächtnisleistung“ im Berufseignungstest überprüft das Kurzzeit- und Langzeitgedächtnis. Dabei geht der Test davon aus, dass nach ca. 20 Minuten die zuvor erarbeiteten Informationen ins Langzeitgedächtnis übergeben werden. Ein gutes Gedächtnis wird in vielen Berufen verlangt. Besonders wichtig ist es bei den darstellenden Künsten, aber auch im Telefonmarketing und im Vetrieb.

Lösung auf S. 192

Aufgabe 8

Dieser Testteil überprüft Ihr optisches Kurzzeitgedächtnis. Betrachten Sie das unten dargestellte Bild sehr genau. Prägen Sie sich möglichst alle Details ein. Sie haben dafür fünf Minuten Zeit.

Decken Sie das Bild nun ab und beantworten Sie schriftlich folgende Fragen. Sie haben dafür drei Minuten Zeit:

a) Wie viele Menschen sind auf dem Bild zu sehen? ______

b) Welche Fluglinie steht auf der Tasche des Herrn? ______

c) Wie viele Zeitschriften hängen auf der rechten Bildleiste aus? ______

d) Wie viele Fotoapparate hat der Herr? ______

e) In welchem Land spielt die Szene? ______

f) Wie viele Zeitungen hängen an der oberen Bildleiste? ______

g) Wie viele Frauen sind auf den Titelseiten abgebildet? ______

Eine Aufgabe aus dem künstlerischen Bereich

Ein Stück weit ist jeder Mensch künstlerisch begabt. Es muss nicht immer ein Ölbild sein, das man malt. Allein die gute und geschmackvolle Einrichtung des Hauses zeigt ohne Zweifel, dass eine künstlerische Ader vorliegt. Beruflich ist künstlerisches Geschick in vielen Bereichen wichtig. Das reicht von der Einrichtung von Wohnungen über die Planung von Gebäuden bis zum Design von Gegenständen. Auch in der richtigen Präsentation von Waren oder Dienstleistungen liegt eine künstlerische Komponente. Hier finden Sie ein Testbeispiel zu diesem Bereich.

Lösung auf S. 192

Aufgabe 9

Sie sehen hier unterschiedliche Gegenstände. Kreuzen Sie jeweils den Gegenstand an, der Ihrer Meinung nach im Design besser, ausgefeilter und pfiffiger ist.

Bild eins:

a = ☐

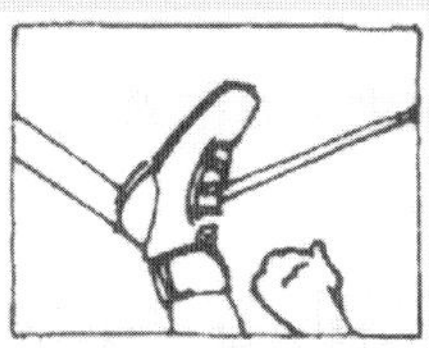

b = ☐

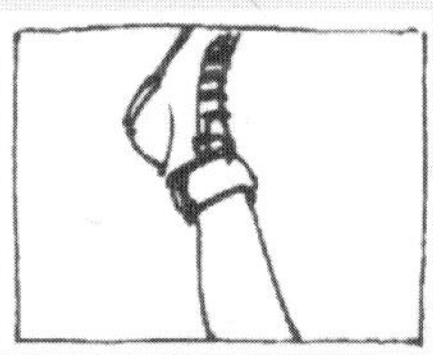

Bild zwei:

c = ☐

d = ☐

Bild drei:

e = ☐

f = ☐

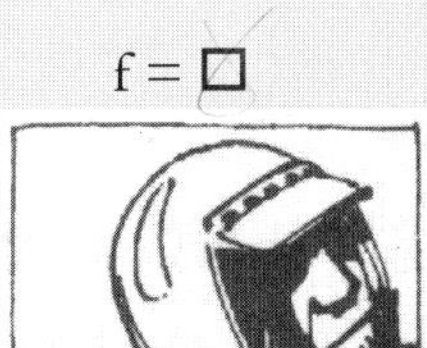

Bild vier:

G = ☐

h = ☐

Aufgaben aus dem Bereich technische Begabung

Lösung auf S. 192

In dem Subtest „technische Begabung" wird das technisch-physikalische Grundverständnis für eine Sache bewertet. In einem Land, in dem mehr als 80 Prozent aller Berufe mehr oder weniger mit der Technik zusammenhängen, ist diese Grundfähigkeit unerlässlich für den beruflichen Alltag. Technisches Verständnis und Geschick müssen mit zu den Grundlagen einer Industriegesellschaft gezählt werden.

Aufgabe 10

Folgende Bilder zeigen einige technische Anwendungen. Kreuzen Sie die richtige Antwort zu dem jeweiligen Bild an.

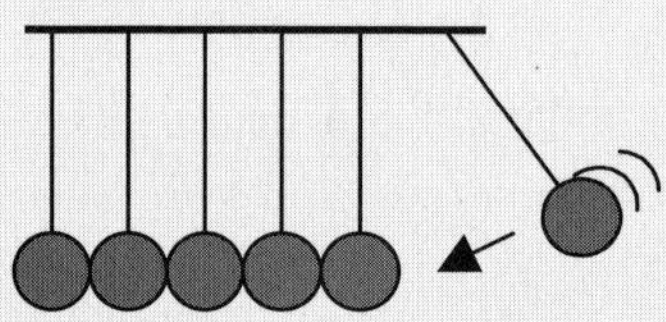

Sechs gleiche Stahlkugeln hängen an je einem Faden, der an einemBalken befestigt ist. Eine Kugel wird abgehoben und schwingt gegen die anderen. Was passiert?

a) Die Kugeln beginnen nach links zu schwingen. ☐
b) Die letzte Kugel schwingt nach links. ☒
c) Die Stahlkugel wird durch den Rückschlag zurückgeworfen. ☐

Aufgabe 11

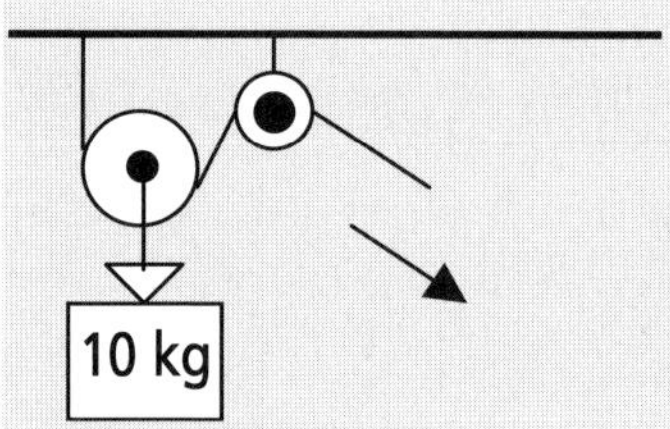

Ein Flaschenzug wird wie auf dem Bild dargestellt montiert. Was passiert, wenn Sie an dem Seil ziehen?

a) Das Gewicht geht für genau dieselbe Strecke in die Höhe, wie am Seil gezogen wird. ☐
b) Das Seil macht den doppelten Weg nach unten wie das Gewicht nach oben. ☒
c) Das andere Ende des Seils wickelt sich um das Rad. ☐

Tests aus dem sozialen Bereich

Dieser Subtest misst das Einfühlungsvermögen in soziale Situationen, wie es bei Berufen mit Publikumsverkehr bzw. Kundenkontakt immer erwartet wird. Hier einige Beispiele für Berufe, in denen ein sehr hohes Ausmaß an sozialem Einfühlungsvermögen erforderlich ist: Verkäufer/in, Arzt/Ärztin, Krankenschwester/-pfleger/in, Lehrer/in, Telefonist/in, Kundenberater/in, Manager/in, Psychologe/in.

In den meisten sozialen Berufen ist Empathie, wie das Fachwort heißt, strikt erforderlich. Die drei Beispielaufgaben aus dem Subtest „Soziales Einfühlungsvermögen" sollen dies verdeutlichen.

Lösung auf S. 192

Aufgabe 12

Ihnen werden in dem folgenden Subtest eine Reihe von Bildern vorgegeben. Versuchen Sie, sich in diese hineinzuversetzen, um dann jeweils die Antwort anzukreuzen, die Sie wahrscheinlich gegeben hätten.

Sie können beliebig viel Zeit für diese Testreihe verwenden; ein Zeitlimit wird nicht vorgegeben.

Kreuzen Sie die Antwort an, die Sie wahrscheinlich gegeben hätten:

a) Ich glaube, dass das doch wohl eher Ihre Schuld war. ☐
b) Was erlauben Sie sich eigentlich? Wollen Sie jetzt an mir herummeckern? ☐
c) Es tut mir wirklich leid. Soweit ich weiß, kommt aber ziemlich bald der nächste Zug. ☒

Aufgabe 13

Kreuzen Sie die Antwort an, die Sie wahrscheinlich der Kundin gegeben hätten:

a) Das tut mir wirklich leid, ich glaube, da hat eine Kollegin die Größen falsch einsortiert. ☒
b) Naja, bei Ihrem Umfang ist das doch wirklich kein Zufall. ☐
c) Sind Sie denn blind? Dann schauen Sie doch selbst nach XXL. ☐

Aufgabe 14

Kreuzen Sie die Antwort an, die Sie wahrscheinlich gegeben hätten:

a) Sie müssen ganz ruhig sein, Ihre Leistungen sind auch nicht besser. ☐
b) Ich glaube, Sie sollten sich erst einmal beruhigen, in diesem Ton können wir nicht miteinander verhandeln. ☒
c) Wirklich Chef, das habe ich diesmal ganz bestimmt nicht gewollt. ☐

Persönlichkeitstest

Der Begriff „Persönlichkeit" ist nicht unumstritten, schon Generationen von Psychologen ereifern sich über seine Definition.

Zur Verbreitung von Persönlichkeitstests

Heute gibt es zahlreiche Ansätze, die Persönlichkeit eines Menschen mithilfe von Tests zu ermitteln. Test, Handlung und Beobachtung sind zudem die drei wichtigsten methodischen Hilfsmittel im Assessment-Center. Vermutlich wurden Sie bereits mehrmals in Ihrem Leben einem Persönlichkeitstest unterzogen, sogar ohne Ihr Wissen und Ihr persönliches Einverständnis. Persönlichkeitstests werden oft in Form von Einstellungs- und Eignungstests im Betrieb durchgeführt.

Damit geht zugleich die Erkenntnis einher, dass in deutschen Firmen dringend ein Wandel des Managements erfolgen muss. Nach Untersuchungen von Unternehmensberatern wie Roland Berger und Boston Consulting Group wird in deutschen Unternehmen ein viel zu großer Teil der Arbeitsenergie in Gruppen- und Abteilungskämpfen verschwendet. Ein weiterer Teil von Arbeitsenergie und -zeit fließt in die Aktivität, am Stuhl des unmittelbaren Vorgesetzten zu sägen und gleichrangige Kollegen zurückzudrängen.

„Nieten in Nadelstreifen"?

Ein Hauptproblem der Wirtschaft ist nicht das Lohngefüge oder die Lohnstückkosten, sondern die Persönlichkeit der heutigen Manager, fasste Ogger 1992 zusammen. In Schlagworten attestiert er dem Management eine Persönlichkeit, die egoistisch, zur Teamarbeit unfähig, konformistisch, bürokratisch, arrogant, insuffizient und kleinkariert ist.

In einem Vortrag vor dem Bundesverband der Deutschen Industrie (BDI) fand ein McKinsey-Unternehmensberater harte Worte für die Bosse: Die rapide nachlassende Wettbewerbsfähigkeit der deutschen Wirtschaft sei nur zu einem Drittel den zu hohen Lohn- und Infrastrukturkosten anzulasten. Zu zwei Dritteln sei die Misere auf das derzeitige Missmanagement zurückzuführen. Das Führungspersonal denke nicht mehr marktorientiert, kürze, streiche oder optimiere die falschen Dinge. Zu groß sei der

Druck der Anpassung an die Unternehmenskultur, zu lang der Prozess, bis ein Manager selbst Führungsverantwortung übernehmen dürfe.

Wer ein Leben lang gegängelt werde, sei konflikt- und risikoscheu und mithin nicht mehr als Unternehmer bzw. als Führungspersönlichkeit geeignet. Der Fehler liege im System der Auswahl.

Per AC zu neuen Managern?

Die so entstandene hausgemachte Lücke soll nun durch das Assessment-Center überbrückt werden. Wie weit ist dies möglich? Sicher ist, dass im Assessment-Center gezielt persönliche Eigenschaften ausgespäht werden können, die in einer Firma fehlen. Allerdings muss man hinzufügen, dass oft den Personalverantwortlichen der Mut zu unbequemen Kandidaten fehlt. Man tut so, als ob man einen Tiger möchte, gibt sich aber allzu gerne mit der Hauskatze zufrieden.

Eignungsprofil ...

Die nachfolgenden Beispiele eines Persönlichkeitstests gehören zu den am weitesten verbreiteten Testarten in diesem Bereich. Der Test misst die wichtigsten Charaktermerkmale und stellt diese in einem Profil mit acht Persönlichkeitsfaktoren dar. Diese bilden dann das Eignungsprofil und werden vom Betrieb mit dem Idealprofil verglichen. In den Firmen werden diese Profile sehr wichtig genommen und ein Kandidat mit einer positiven Eignung sollte sehr stark mit dem vorgegebenen Profil übereinstimmen.

... und Durchschnittsprofil

Um festzustellen, wie das Idealprofil für diesen Arbeitsplatz aussieht, testet die Firma zuvor gute oder weniger erfolgreiche Mitarbeiter auf diesen Arbeitsplatz. So können Durchschnittsprofile errechnet werden, die mit einer gewissen Abweichung auf den neuen Mitarbeiter passen. Der Vergleich zwischen den Leistungen im Assessment-Center und denen der erfolgreichen Mitarbeiter bestimmt dann die Wertung für die Kandidaten. Einstellung, Beförderungen oder Umsetzung sind damit für alle Teilnehmer vorgezeichnet.

Der hier vorgestellte Persönlichkeitstest von Pegastar liefert in seiner Auswertung die folgenden Gegensatzpaare:

Ihr Persönlichkeitsdiagramm

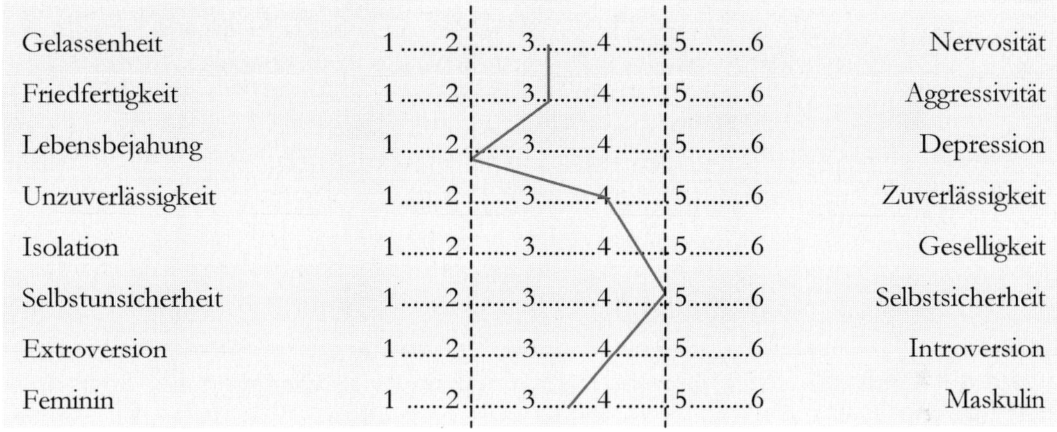

nach: Pegastar

Gefragt: Menschen ohne Extreme

Das abgebildete Persönlichkeitsdiagramm stammt von einem Betriebsingenieur. Es liegt eher im mittleren Bereich, keine Extreme fallen auf.
Generell suchen die Betriebe eher Menschen mit mittleren Werten als Menschen mit Extremen.

Gelassenheit versus Nervosität

Die beiden folgenden Statements beziehen sich auf Gelassenheit oder Nervosität.

→ Ich werde schnell eifersüchtig.
→ Aufregung und Nervosität nehmen bei mir überhand.

Friedfertigkeit versus Aggressivität

Mit den folgenden Statements werden in dem Test die Faktoren Friedfertigkeit und Aggression eingestuft.

→ Ich sehe mich eher impulsiv.
→ Ich würde mich selbst als zufriedenen Menschen betrachten.

Isolation versus Geselligkeit

In einzelnen Fragen werden die Persönlichkeitseigenschaften der Bewerber erforscht. So wird zum Beispiel Geselligkeit getestet:

- → Mein Wahlspruch lautet: „Wo man singt, da lass dich ruhig nieder, böse Menschen haben keine Lieder."
- → Oft fühle ich mich sehr einsam.

Lügenfallen

Sagt der Kandidat die Wahrheit?

Neben den bisher aufgeführten Einstufungen ist eine noch nicht genannte Skala für die Auswerter sehr wichtig. Es handelt sich um die Lügenskala. Sie enthält Aussagen, denen Sie nicht uneingeschränkt zustimmen sollten, sonst geraten Sie in den Verdacht der Unehrlichkeit. Wie sollte nun Ihre „Ehrlichkeit" aussehen?
Der Test ist so konstruiert, dass die Hälfte der Lügenfallen positiv beantwortet werden kann. Wenn Sie mehr als die Hälfte bestätigen, gelten Sie als besonders selbstkritisch, weniger Zustimmung hingegen wird Ihnen als Unehrlichkeit ausgelegt. Beispiele für Fragen aus dem Bereich der Lügenfallen sind:

- → Ich lüge nie.
- → Ich denke immer, bevor ich handle.
- → Manchmal greife ich zu Notlügen.

Bei Personalberatern sind Persönlichkeitstests weit verbreitet. Über 80 Prozent verwenden Persönlichkeitstests regelmäßig bei Bewerbungen und in der Personalentwicklung. Persönlichkeitstests sind nicht unumstritten. Den Autoren wird übertriebener Optimismus vorgeworfen. Trotz solcher Vorbehalte glauben die meisten Anwender von Persönlichkeitstests, in oder außerhalb des Assessment-Centers nicht mehr auf diese verzichten zu können.

Intelligenztest

Die Frage, wie man die Intelligenz des Menschen messen kann, wird seit ca. 80 Jahren in der westlichen Psychologie gestellt. Unzählige Ansätze beschreiben immer neue Varianten dieser Themenstellung. Die vorerst jüngste ist die so genannte Emotionale Intelligenz – kurz EQ genannt.

Was ist Intelligenz?

In Bezug auf unsere westliche Kultur können wir gewisse Abstufungen wahrnehmen und sagen, dass einige Menschen ein „intelligenteres Verhalten" zeigen als andere. Allerdings ist dieses so genannte intelligente Verhalten an unseren sozialen und ethischen Normen ausgerichtet. Unter anderen kulturellen Bedingungen könnte ebendieses Verhalten ganz falsch sein.

Verbreitet: die IQ-Skala

Die heute am meisten akzeptierte und getestete Theorie beruht auf dem Intelligenzquotienten. Dieser legt fest, dass in Bezug auf bestimmte Faktoren der durchschnittliche Wert in der gesamten Bevölkerung bei 100 liegt. Die so festgelegte Intelligenz ist innerhalb der Bevölkerung nicht gleichmäßig verteilt, sondern unterschiedlich. Es gibt nur sehr wenige hochintelligente Menschen, dasselbe gilt für Menschen mit einem sehr geringen Intelligenzquotienten.

Hochbegabte als gesellschaftlicher Motor

Während sich die Forschung auf die wenigen Genies stürzt, werden weniger intelligente Menschen vernachlässigt. Für jedes Land ist die Entwicklung und Förderung von Genies, oder besser gesagt von Hochbegabten, äußerst wichtig. Sie stellen später die geistigen Eliten dar, die ein Land technisch, wissenschaftlich, literarisch und musisch voranbringen und lebensnotwendige Ressourcen erforschen, neue Produkte entwickeln oder neue Philosophien entwerfen.

Ohne seine Hochbegabten verschwindet der Wohlstand eines Landes binnen weniger Jahre. Natürlich muss vorausgesetzt werden, dass sie tatsächlich auch produktive Arbeit leisten bzw. leisten können und nicht daran gehindert werden, ihre Ideen zu verwirklichen.

Ein förderndes und gewährendes Umfeld für Hochbegabte gehört genauso zum allgemeinen Wachstum und Wohlstand einer Volkswirtschaft wie die breite Masse der durchschnittlich Begabten.
Ob dieses zugegebenermaßen einfach strukturierte Weltbild der Wirklichkeit gerecht wird, lässt sich nicht entscheiden. Die Intelligenzforscher gehen jedoch mit diesem Raster an die Realität heran.

Wie intelligent sind die Menschen?

Werfen wir noch einmal einen Blick auf die durchschnittliche Verteilung der Intelligenz in der Bevölkerung, auf die so genannte „Gauß'sche Normalverteilung". Sie ist eine mathematisch ermittelte Kurve, die ziemlich genau die Verteilung der verschiedenen Intelligenzquotienten der Menschen innerhalb einer großen Gruppe widerspiegelt.

IQ-Verteilung in der Gesamtbevölkerung

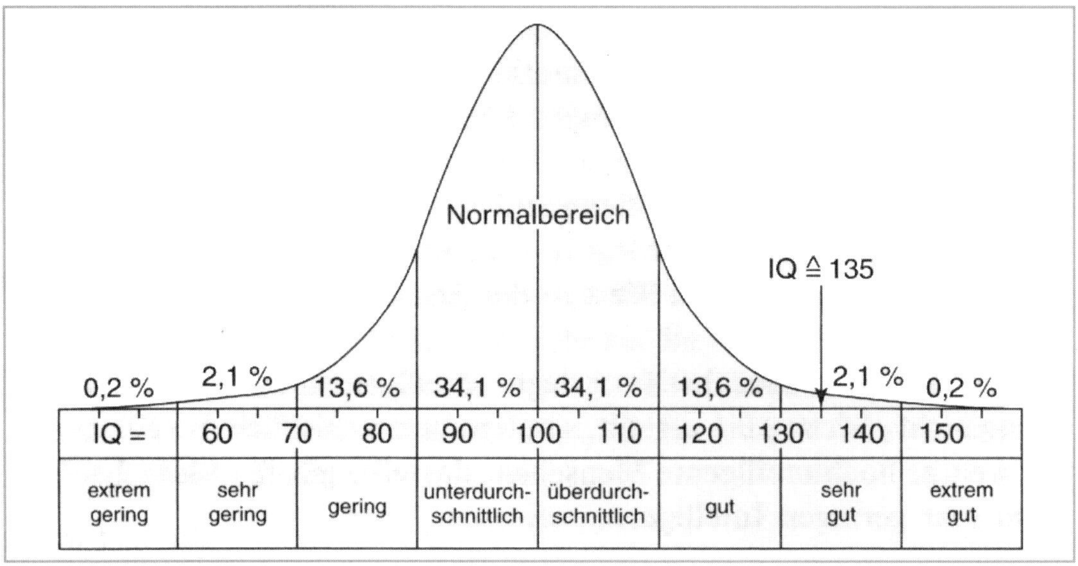

Extreme sind selten

In der oben aufgeführten Grafik finden Sie die heute allgemein anerkannte Verteilung von Intelligenz in der Bevölkerung. Die Werte „extrem geringe" Intelligenz und „extrem hohe" Intelligenz sind mit 0,2 Prozentpunkten sehr selten anzutreffen. Eine sehr hohe Intelligenz haben 2,1 Prozent aller Menschen. In unserem Beispiel wird ein Intelligenzquotient von 135 Punkten angezeigt (vgl. Pfeil). Zwischen 115 und 130 Intelligenzpunkten liegen ungefähr 13,6 Prozent der Menschen. Der weitaus größte Teil liegt mit 68,2 Prozent zwischen den Werten 85 und 115.

Intelligenztest im AC: entwicklungsfähiges Personal finden

Im Assessment-Center soll herausgefunden werden, welche Bedeutung ein Kandidat oder Bewerber für die Firma haben könnte. Immer öfter wird deshalb neben den klassischen Tests für Berufseignung und Persönlichkeit auch ein Test zur Messung des IQ durchgeführt. Geht es den Firmen längerfristig darum, den Firmen-IQ festzustellen? Wohl kaum, so weit sind die Einsichten in der Chefetage noch nicht. Kurzfristig geht es wohl mehr darum, gutes und vor allem entwicklungsfähiges Personal zu haben, das nicht mit dem angebotenen Job ausgereizt ist, sondern zukünftige Optionen offen lässt. Die Suche gilt so genannten „high potentials“. Das Assessment-Center bietet die einmalige Chance, potenzielle neue, aber auch langjährige Mitarbeiter ohne besonderes Aufsehen, ohne Einsprüche des Betriebsrats und ohne sonstige Querelen zu sondieren. Denn, Hand aufs Herz, wer lässt sich denn schon gerne in die Karten schauen und legt seinen IQ offen? Freiwillig wohl niemand. Im Assessment-Center, in dem sowieso jede Menge anderer Tests untergebracht werden, bietet sich für den Arbeitgeber die Gelegenheit, auch einen IQ-Test durchzuführen.

Beispiele für Aufgaben im Intelligenztest

Intelligenztests unterscheiden sich durch die vielen Dimensionen, die von den jeweiligen Testautoren zu Grunde gelegt werden. Die Anzahl der gemessenen Dimensionen variiert von Test zu Test stark. Einige typische Beispiele sollen hier anhand des zuvor genannten Pegastar-Tests vorgestellt werden.

Zahlenverständnis

Bei den Aufgaben für das Verständnis von Zahlen kommt es nicht auf die Rechenfertigkeit an, diese wird heute zumeist den Computern überlassen, sondern auf den logisch-abstrakten Umgang mit Zahlen.

Lösung auf S. 192

Zwei Beispiele sollen Ihnen einen Einblick in die Aufgabenstellung dieser Intelligenzdimensionen geben.

Aufgabe 15
Kreuzen Sie die Zahl an, die in die obere Reihe passt:

72 96 123 ?

a) 125 b) 144 c) 27 d) 22

Aufgabe 16
Kreuzen Sie die fehlende Zahl an:

2 4 8 16 ?

a) 20 b) 24 c) 32 d) 36

Gestaltwahrnehmung und Logik

Lösungen auf Seite 192

Aufgaben, die der Gestaltwahrnehmung und Logik dienen, haben immer einen ganzheitlichen Hintergrund. Sie überprüfen einen Aspekt der Intelligenz, der mit einer mehr oder weniger unbewussten Wahrnehmung des Ergebnisses verbunden ist.

Aufgabe 17
Suchen Sie die richtige Figur heraus:

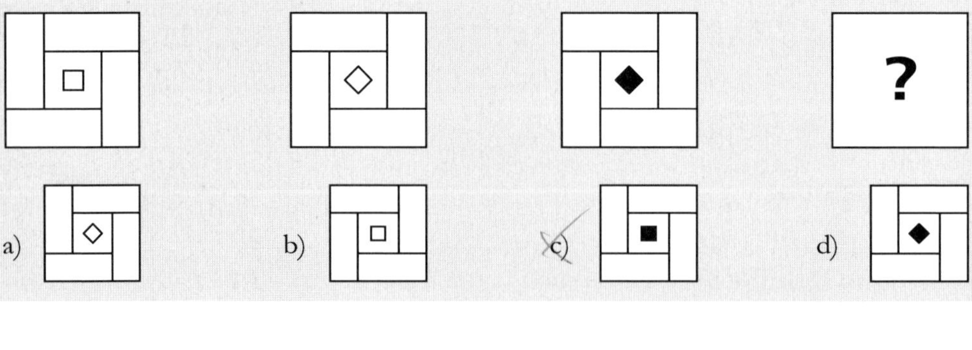

Aufgabe 18

Welche Figur passt nicht zu den anderen?

Aufgabe 19

Welche Figur passt zu den anderen?

Bitte kreuzen Sie an:

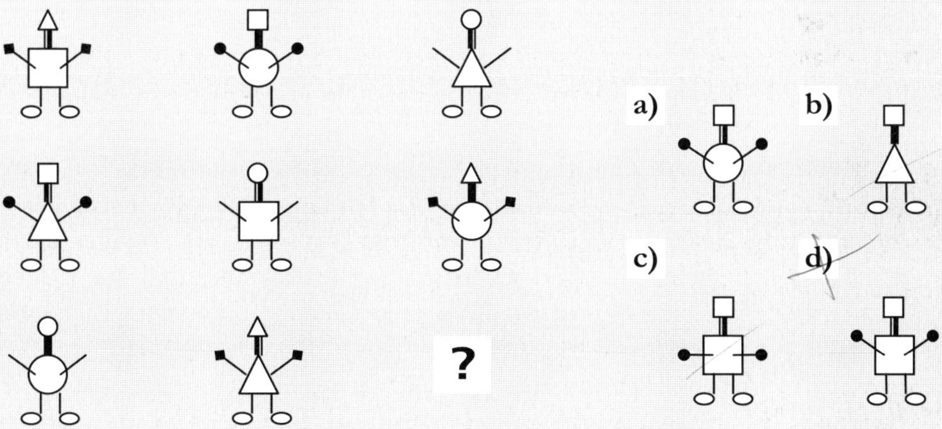

Sprachfertigkeit und Ausdruck

Bei der Dimension „sprachliche Intelligenz" werden in den Tests Beispiele für Wortreihen, Satzergänzung und Silbeneinfügung verwendet. Zwei Beispiele sollen Ihnen diese Intelligenzdimension verdeutlichen.

Lösungen auf Seite 192

Aufgabe 20
Welches Wort passt in die Klammer?

BILDUNG(ULUN)SCHULE

PROSPEKT(....)TURM

a) OSRM b) UREK c) ROSE d) EKUR

Aufgabe 21
Welches Wort passt dazu? Kreuzen Sie das richtige an:

KOPF – HAND – FUSS

a) FINGER b) BEIN c) RING d) ZEHEN

Die Regel: Ermittlung eines Durchschnittswertes

Die Auswertung des Intelligenztests (IQ) erfolgt oft global. Diese Art der Auswertung ist ein Kompromiss, den die meisten Testautoren eingegangen sind, um überhaupt zu vergleichbaren Werten zu gelangen. Die Einigung erfolgt über den zuvor schon genannten Wert des Intelligenzquotienten. In unserem Beispiel beträgt der Wert des IQ 119 (vgl. Pfeil). Dieser Wert liegt über dem Durchschnitt; entsprechend selten wird ein solcher IQ von allgemeinen Testpersonen erreicht. Im höheren Management hingegen sind Wertungen in diesem Bereich häufiger. Hier findet man die Intelligenzleistungen zumeist im Bereich zwischen 115 IQ und 130 IQ.

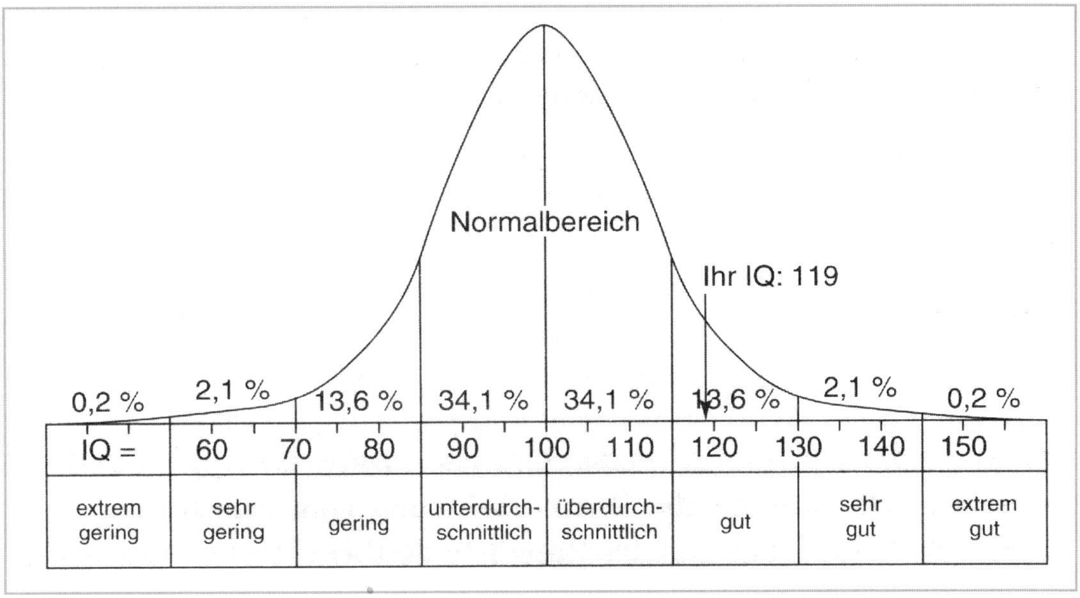

Seltener: differenzierte Auswertung

Um den Vorwurf der globalen und rasterförmigen Auswertung zu entkräften, werden heute strukturierte Auswertungen vorgenommen. Diese erfassen die einzelnen Intelligenzleistungen und geben sie in einem Schema wieder. Tests mit dieser Auswertungsform sind unter dem Namen Intelligenzstruktur-Test bekannt. Da deren Auswertung jedoch sehr aufwendig und langwierig ist, findet man sie nur selten im Assessment-Center.

Intelligenzstruktur-Tests sind klinische Tests. Sie werden eingesetzt, um zum Beispiel nach einer Kopfverletzung die genauen Ausfälle einzelner Gehirnzentren feststellen zu können. Im Assessment-Center haben solche Tests eigentlich nichts zu suchen.

Checkliste Tests

Persönlichkeitstests

→ Persönlichkeitstests folgen bestimmten Mustern. Die bekanntesten Tests aus diesem Bereich sind in Büchern veröffentlicht und somit jedem zugänglich.
→ Überlegen Sie sich zu komplexen Themen ein Antwortschema.

Intelligenztests

→ Intelligenztests sind ebenfalls in diversen Büchern veröffentlicht und somit trainierbar.
→ Die meisten Tests beruhen auf gängigen Schemata. Die einzelnen Aufgaben wiederholen sich oder sind nach dem gleichen Muster „gestrickt".

Postkorb-Übung

Wenn es um Entscheidungsfreude, Selbststeuerung, Delegieren und Verantwortung geht, kommt die Postkorb-Übung zum Einsatz. Zwar steht diese Übung in der Rangliste der beliebtesten Assessment-Aufgaben erst an dritter Stelle, nach Gruppendiskussion und Rollenspiel, trotzdem möchte keine Firma auf dieses diagnostische Instrument verzichten.

Edward Frieling[1] aus Kassel war Bewerber als Führungskraft in der Luftfahrtbranche. Die Postkorb-Übung war ihm geläufig und er hatte zumindest theoretisch einige Postkorb-Übungen bereits zu Hause trainiert.

---

[1] Name geändert, d. A.

In der Praxis sieht es allerdings so aus, dass kein Postkorb dem anderen gleicht. Nach heftiger Kritik über so genannte Standard-Postkörbe haben sich die Psychologen dazu entschlossen, immer einzelne, genau auf die ausgeschriebene Stelle zugeschnittene Postkorb-Übungen zu entwerfen.

Nachdem Herr Frieling seinen Postkorb erhalten hatte, ging er folgendermaßen vor: Zunächst sichtete er die Unterlagen und legte sich eine Prioritätenliste an.

Keine „Standard"-Lösungen für den Postkorb

Zwar war der Gedanke verlockend, die einfachsten Probleme zunächst zu delegieren und dadurch die Aufgabe weitgehend zu vereinfachen. Die Praxis der Übungskonstruktion zeigt jedoch, dass sich die Aufgaben immer als komplexes Zusammenspiel darstellen. Eine wirklich objektive Lösung, die sich etwa aus Verwaltungsgrundsätzen oder aus dem allgemeinen wirtschaftlichen Zusammenhang erstellen lässt, gibt es bei den Postkorb-Übungen zumeist nicht. Beinahe immer wird ein persönliches Urteil herausgefordert, das Augenmaß und Fingerspitzengefühl zeigt.

Was ist wichtig?

So ordnete Frieling den wichtigsten Aufgaben eine bestimmte Wertung zu. Sehr wichtige Aufgaben bekamen die Wertung sechs, weniger wichtige oder unwichtige Aufgaben, bei denen wenig finanzieller Schaden angerichtet werden konnte, die Wertung eins. Die wichtigsten Aufgaben (also die mit der Wertung sechs und fünf) bearbeitete Frieling selbst. Weniger wichtige (Aufgaben ab der Wertung drei und weniger) konnte er delegieren.

Es geht in dieser Übung vor allem darum, gegenüber den Aufgabenstellern kein Gefühl der Unsicherheit aufkommen zu lassen, und das gilt auch dann, wenn die Rahmenbedingungen der ganzen Übung vollkommen unbekannt sind.

Die Strategie gelang. Die Bewerter erkannten das echte Bemühen um einen ganzheitlichen Ansatz. Eine gewisse Entscheidungsfreude und die Übernahme von Verantwortung wurde Herrn Frieling ebenfalls bescheinigt. Auch als es um die Delegation von Aufgaben ging, hatte Frieling gewonnen. So gesehen hatte Herr Frieling das Beste aus der Postkorb-Übung gemacht und mehr herausgeholt, als normalerweise bei einer solchen Aufgabenstellung zu erwarten gewesen wäre.

Welche Vorfälle sind im Postkorb?

Die „Vorfälle" im Postkorb lassen sich in drei Kategorien unterteilen:

Private Vorfälle

Die Familie macht Ärger ...

- → Die Ehefrau oder eines der Kinder ist ins Krankenhaus eingeliefert worden. Der diensthabende Arzt verlangt eine Operationserlaubnis.
- → Ihr Sohn schwänzt seit Tagen die Schule. Der Direktor möchte eine plausible Erklärung oder Ihr Sohn fliegt von der Schule.
- → Ihre Mutter droht mit der Enterbung, wenn Sie den Beruf nicht wechseln.
- → Ein flüchtiges Verhältnis hat Früchte getragen. Sie sollen für die Abtreibung bezahlen oder die Folgekosten tragen.
- → Ein Freund ist in der Klemme, er bittet Sie, ihm 5.000 Euro für seine Spielschulden zu „pumpen".
- → Ihr Telefon ist defekt; Sie müssen dringend privat in den USA anrufen. Benutzen Sie das Diensttelefon?
- → Ein Brief vom Amtsgericht bestellt Sie am Freitag zu einer Sitzung als Schöffe ein. Dieser Aufforderung können Sie sich nur in speziell begründeten Ausnahmen entziehen.
- → Ihr Vater ist im Krankenhaus. Sie werden dringend am Krankenbett erwartet.
- → Ihr Neffe ist Alkoholiker, er muss eine Entziehungskur machen. Sie sollen einen Teil der Kosten verauslagen.
- → Ihre Tochter wird bei einem Abenteuerurlaub im Tibestigebirge von Rebellen festgehalten. Unternehmen Sie etwas zu ihrer Befreiung!
- → Ihre Kinder stehen vor der Haustür, niemand öffnet.
- → Eine Börsenzeitschrift kündigt einen bevorstehenden Crash an.

Geschäftliche Vorfälle

Probleme im Beruf

- → Sie müssen innerhalb kürzester Zeit bei mehreren Lieferanten vorbeischauen und gezielte Informationen abrufen. Erwartet wird von Ihnen eine sorgfältige Wegeplanung. Eine Landkarte liegt bei.
- → Sie müssen dringend eine Geschäftsreise in den Tschad unternehmen. Ihnen wird deutlich, dass Sie weder eine Malariaprophylaxe haben noch die erforderlichen Impfungen gegen Gelbfieber und Hepatitis A vorweisen können.
- → Ihre Sekretärin wurde während Ihres Urlaubs von Ihrem Vertreter gefeuert. Er hinterlässt Ihnen ein Schreiben, aus dem ein „Diebstahlsverdacht" hervorgeht. Ihnen ist klar, dass ein Verdacht allein noch keinen Rausschmiss rechtfertigt. Wie wenden Sie ein drohendes Arbeitsgerichtsverfahren der Sekretärin ab?
- → Ein wichtiger Handelspartner trifft überraschend morgen aus Singapur ein. Sie haben einen Termin im Berliner Verkehrsministerium. Was werden Sie tun?
- → Ein Scheck über 1 Mio. Euro soll gegengezeichnet werden. Sie haben von dem Vorgang keine Ahnung. Entscheiden Sie sofort.
- → Ein Bewerber steht unangemeldet vor der Tür. Führen Sie ein Vorstellungsgespräch?

Schikanen

Der ganz normale Alltag

- → Das Telefon klingelt von Zeit zu Zeit. Manchmal sind es Lappalien, falsch verbunden o. Ä., manchmal sind es aber wichtige Zusatzinformationen, die Ihnen helfen, die Postkorb-Übung besser zu meistern. Nehmen Sie jedesmal ab?
- → Ein „Mitarbeiter" kommt herein und hat ein dringendes Problem. Können Sie es sofort lösen?
- → Die Sekretärin meldet sich krank und geht sofort. Sie sind allein und können nicht mehr delegieren.
- → Sie erhalten über Fax eine Ticketbestätigung. Sie fliegen morgen nach Douala. Können Sie für die nächste Woche alles delegieren? Sie müssen innerhalb kürzester Zeit (ca. 1 Stunde) alles erledigen.

Während die beiden ersten Kategorien von Postkorb-Übungen dazu dienen, das Ineinandergreifen von geschäftlichen und privaten Vorfällen zu simulieren, wird die Kategorie drei als Stressimpuls verwendet. Sie soll Ihre Konzentration untergraben und zeigen, ob Ihre Leistungen unter Stress absinken, oder einfach den allgemeinen Lebenswillen messen.
Ob mit den oben dargestellten Aufgaben tatsächlich Leistungsunterschiede gemessen werden können, möchte ich bezweifeln. In einem speziell zugeschnittenen Assessment-Center kommen sicher noch Aufgaben hinzu, die viel genauer auf die Arbeiten vor Ort eingehen als die hier dargestellten. Im Großen und Ganzen können Sie jedoch mit dieser Art der Aufgabenstellung rechnen.
Zumeist wird die Postkorb-Übung mit folgender Instruktion eingeleitet: „Stellen Sie sich vor, Sie müssen Ihren Chef am neuen Arbeitsplatz plötzlich und unerwartet vertreten. Erledigen Sie die angehäufte Post, beantworten Sie die Telefongespräche und setzen Sie sich mit den Anforderungen Ihrer Mitarbeiter auseinander. Als Hilfskraft steht Ihnen eine Sekretärin zur Verfügung."
Was müssen Sie nun tun? Sichten Sie die Unterlagen zuerst? Lassen Sie sich einfach treiben? Erledigen Sie alles schriftlich oder telefonisch? Eine mögliche Strategie wurde bereits genannt.

Postkorb-Übung – Fluglinie German Wings

Die hier dargestellte Postkorbübung werden Sie in der einen oder anderen Variante bei jedem Assessment-Center wiederfinden. Die Bewältigung der Aufgabe soll Ihr Geschick, Ihre Entscheidungskraft, Delegations- und Entschlussfähigkeit feststellen. Eigenschaften, die in jedem Beruf ab einer bestimmten Managementebene unabdingbar sind.

→ Sie müssen eine Reihe von wichtigen Entscheidungen treffen.
→ Sie arbeiten unter Zeitdruck.

Die Postkörbe sind ohne Zweifel die häufigsten und interessantesten Übungen, die je für das Assessment-Center entwickelt wurden. Die nachfolgenden Aufgaben sind eine Eigenentwicklung, die auf tatsächlichen Postkorb-Übungen beruht.
Diese Aufgabenart hat durchaus ihre Berechtigung. Eine wichtige Forderung an eine Führungskraft, egal auf welcher Ebene, lautet: Entscheidungsfähigkeit und Flexibilität. Wer das nicht schafft, ist ungeeignet. Entscheidungen müssen immer getroffen werden, egal ob falsch oder richtig. Sie können im besten Fall später wieder korrigiert werden. Im schlechtesten Fall wird der Missmanager entlassen.
Bei der Aufgabe geht es darum, den richtigen Ansatzpunkt zu finden. Wenn dieser falsch gewählt wird, benötigt man ca. 1 Stunde zur Bearbeitung, sonst geht es in einer halben.

Sie können die Übung von mir auswerten lassen. Senden Sie mir einfach den Ausdruck Ihrer Bearbeitung, eine Kopie dieser Seite und 20 Euro als Schein oder Scheck. Sonst kommt die Auswertung per Nachnahme.

Die Postkorb-Übung wird individuell ausgewertet und Sie erhalten eine Rückmeldung über Ihre voraussichtliche Beurteilung für diesen Test.

Senden Sie Ihre Lösung an folgende Adresse:

Dr. Horst Siewert
c/o Büro für Beratung
Postfach 25 26
D 72762 Reutlingen
E-Mail: HoSiewert@aol.com

Fallbeispiel Postkorb-Übung: German Wings

(siehe Musterlösung im Anhang)

Ausgangssituation

Wir nehmen an, Sie sind Dr. Horst Treweis und soeben zum leitenden Manager der **German Gold Star Süd** ernannt worden. Die **GSS** ist eine Regionalfluglinie von German Wings im süddeutschen Raum. Sie dient als Zubringer von Regionalflugplätzen zu den größeren Flughäfen der Umgebung, also München, Zürich, Frankfurt, Stuttgart und Straßburg.

Die GSS fliegt den süddeutschen Raum an, vom Bodensee bis zur Schwäbischen Alb sowie den Schwarzwald. Die meisten flugtechnischen Anlagen und Reparaturwerkstätten befinden sich auf dem Regionalflughafen Sigmaringen. Die Muttergesellschaft, die Fluglinie German Wings, befindet sich im Norden. Die German Wings Gruppe ist in der Folge von Neuansiedlungen von Industrie und Handel stark gewachsen. Staus auf der Autobahn sind an der Tagesordnung und eine Lösung der Transportprobleme zu eiligen Konferenzen oder Sitzungen durch den Schienenfernverkehr ist bis auf weiteres nicht in Sicht. Die German Wings Gruppe hat einen Jahresumsatz von 590 Mio. Euro. Dazu trägt die GSS mit ca. 120 Mio. Euro bei. Schätzungsweise 75% der 500 Firmenangehörigen haben ihren Wohnsitz im Raum Hannover. Der Rest verteilt sich auf Süddeutschland. Erfahrene Arbeitskräfte, Piloten und Monteure wurden einige Male von der Konkurrenz abgeworben. So sind viele leitende Mitarbeiter ehemalige Euro-Star-Kräfte.

Die Fluglinie **Gold Star Süd** oder **GSS** wurde schon immer als eigenständige Einheit geführt. Das Management überschneidet sich kaum mit dem des Nordens. Der Süden wird vorwiegend von kleineren Propellermaschinen und Hubschraubern bedient, während im Norden größere Jets eingesetzt werden, die auch international im Firmenauftrag fliegen.

Der Süden wurde von GSS so organisiert, dass er sich in etwa mit den Grenzen von Baden-Württemberg und dem anschließenden Regierungsbezirk Schwaben von Bayern deckt. Als Folge der Randlage stehen nur kleine Maschinen für 6 Passagiere zur Verfügung. Helikopter fassen 4 bis 8 Personen. Größere Maschinen wie Fokker oder Dornier müssen vom Norden ausgeborgt werden.

In letzter Zeit wurde ein Hubschrauber-Taxiservice eingerichtet, der besonders von gut betuchten und politisch einflussreichen Kunden aus dem Umkreis des Ministerpräsidenten benutzt wird. Die Auslastung des Hubschrauber-Taxis wächst von Jahr zu Jahr. Demnächst muss die Flotte erweitert werden.

Seit einigen Jahren hat Hartmut Maier bei GSS die Zügel in der Hand. Er hat den Ausbau der Luftflotte betrieben und viele Firmenkunden gewonnen, die regelmäßig den angebotenen Lufttaxidienst nutzen. Insgesamt hat Maier die GSS gewaltig aufgebaut.

Unter einer großen Anzahl kompetenter Bewerber sind Sie ausgewählt worden. In einer Erstauswahl wurden vor allem Ihre Leistungen im Bereich Entscheidung und Kompetenz geprüft und für exzellent gefunden. Damit ragen Sie unter einer ganzen Gruppe von Nachwuchsmanagern heraus.

Da Maier der Geschäftsleitung zu mächtig wurde, sollte er nach einer internen Absprache der Gesellschafter durch einen Mann von außen ersetzt werden. Maier ist dies zu Ohren gekommen. Entsetzt und gedemütigt reagiert er mit einer sofortigen Kündigung. Sie sollten am ersten März nächsten Jahres eingesetzt werden, um zunächst als Assistent von Maier tätig zu sein. Das ist jetzt überflüssig. Dr. Tannbrücke setzt Sie sofort als leitenden Manager Süd ein – anstelle von Maier. Der Arbeitsvertrag wird Ihnen per E-Mail zugeschickt. Sie sind ab Dezember der neue Chef der GSS.

Um zuvor wenigstens einen kurzen Einblick zu geben, lädt Sie der Vizepräsident Dr. Basler zu einem Pfälzer Saumagen ein. Dabei kommt das Gespräch auf die zukünftige Strategie. Er möchte, dass Sie die Effektivität der GSS wesentlich erhöhen. Sie sollen mit dem vorhandenen Fluggerät und den Mitarbeitern nicht nur mehr Umsatz machen, sondern vor allem den Gewinn anheben. Gewisse Unzulänglichkeiten, die sich durch den laschen Dienst bisher eingeschlichen haben, sollen unterbunden und die GSS zu einer schlagkräftigen Truppe umgeformt werden.

Sie erhalten größere Vollmachten als ihre Vorgänger und sollen entscheiden, was auf dem lokalen Markt erforderlich ist.

Den Gruppen und Abteilungsleitern sind außerdem mehr Kompetenzen einzuräumen. Jede Flugeinheit wird zukünftig eng zusammenarbeiten. Flug und Wartung liegen in einer Hand. Es liegt nun an Ihnen, was Sie daraus machen.

Als Branchenkenner und ehemaliger Hubschrauberpilot kennen Sie bereits einige Mitarbeiter der GSS. Zum Abschied drückt Ihnen Dr. Basler noch einige Papiere in die Hand. Damit können Sie die ersten Tage locker über die Bühne bringen. Es sind die Kurzprofile der Personalakten Ihrer führenden Mitarbeiter bei GSS. Eine Lageskizze ist beigefügt und ein Organigramm der Firma. Letzteres leider etwas unvollständig. Sie erhalten noch einen Kalender für den Monat Dezember.
Sie sind nun vor zwei Tagen bei der GSS Süd eingetroffen und machen erst einmal die Runde im Büro und in den Werkstätten. In der Pilotenkantine finden Sie alte Bekannte von Euro Star. Kontakte sollen dazu dienen, Ihnen die Mannschaft vertraut zu machen und frühere Kontakte zu vertiefen. Heute sind Sie sehr früh angekommen. Im Messenger finden Sie eine E-Mail, die Sie sofort öffnen.

Problemstellung

E-Mail:

Sehr geehrter Herr Dr. Treweis. Wir haben für Sie einen wichtigen Kundenkontakt in die Wege geleitet. Es geht um den Abschluss eines längerfristigen Vertrags mit Großkunden im Raum Stuttgart. Sie müssen bei den Verhandlungen unbedingt anwesend sein. Nehmen Sie die Beachcraft und lassen Sie sich auf den Regionalflughafen Echterdingen fliegen. Wir holen Sie in zwei Stunden dort ab. Für das Alltagsgeschäft haben Sie leider nur noch eine Stunde Zeit.

Die Verhandlungen werden sich in die Länge ziehen und Sie werden erst wieder in drei Tagen in Ihrem Büro sein. Die beigefügte Korrespondenz im Postkorb Ihres Büros soll Ihnen kurz vermitteln, welche Probleme derzeit anliegen. Sie müssen alle wichtigen Entscheidungen sofort treffen. Tun Sie in jedem Fall das, was Ihnen angemessen erscheint. Entwerfen und schreiben Sie Briefe. Delegieren Sie an die Sekretärin.
Gehen Sie alle Unterlagen Stück für Stück durch und veranlassen Sie, was Ihnen angemessen erscheint. Jede Aktion, die Sie durchführen wollen, sollten Sie auf einer Antwortleiste direkt am Computer eingeben. Entwerfen Sie Notizen für die Sekretärin, für sich oder für andere Mitarbeiter. Entwerfen oder schreiben Sie Briefe. Notieren Sie, was Sie nach Ihrer Rückkehr tun wollen, und vermerken Sie die Termine in Ihrem Kalender. Telefongespräche sollten ebenfalls im entsprechenden Wortlaut in den Papieren notiert werden. Es genügen aber auch Bemerkungen im Kalender.

Notizen über die Mitarbeiter der GSS (ausgehändigt von Basler)

→ **Werner Steinhilber**

Manager in Verwaltung und Verkauf

Er hat ein gutes Geschick im Umgang mit Kunden. Bei Großkunden ist er gerne gesehen. Er fällt Entscheidungen ad hoc und gibt manchmal zu schnell Kredit. Das Verkaufsgeschäft kennt er durch und durch.

→ **Erwin Esslinger**

Meister und Vorgesetzter der Reparaturabteilung

Ein Mann der Tat. Er hält einen hohen Leistungsstandard bei seinen Monteuren für unabdingbar und klopft allen auf die Finger, die nicht präzise arbeiten. Er ist Techniker und interessiert sich weniger für Verwaltungsaufgaben.

→ **Gerhard Engel**

Diplomingenieur – verantwortlich für Flugsicherheit

Er ist ein ausgesprochenes Arbeitspferd. Er ist selten im Büro – meistens bei den Flugzeugen. Seine Berichte an das Hauptquartier kommen immer etwas verspätet. Er lässt sich häufig bei Besprechungen entschuldigen und vermeidet es, weitere Verwaltungsaufgaben zu übernehmen. Ehrgeiz und Karriere sind ihm nicht wichtig.

→ **Dieter Zimmer**

Verwaltungsmanager

Er zaudert und zögert und hat massive Entscheidungsängste. Er kontrolliert sich selbst am besten. Auf die Dauer zeigt er jedoch eine konstant hohe Leistung.

→ **Bernd Grauer**

Erster Flugkapitän

Ist die graue Eminenz des Geschäfts. Er erledigt jeden Auftrag mit absoluter Präzision. Er ist seit 15 Jahren erster Flugkapitän und für den Einsatz aller Piloten verantwortlich. Er ist ein guter Pilot mit großer Erfahrung, aber im Papierkrieg etwas ungeschickt.

→ **Martha Simon**

Chefsekretärin

Sehr gute Kraft. Eigentlich könnte man ihr den Betrieb selbst anvertrauen. Niemand würde merken, wenn der verantwortliche Manager fehlen würde. Sie hat einen Blick für das Wesentliche. Was man ihr anvertraut, geht auch in Ordnung. Allerdings ist sie ständig sehr überlastet. Nur wirklich dringende Dinge sollten ihr übertragen werden.

Kalenderblatt für Ihre Notizen

Dezember						
So	**Mo**	**Di**	**Mi**	**Do**	**Fr**	**Sa**
1	2	3	4	5	6	7
8	9	10	11	12	13	14
15	16	17	18	19	20	21
22	23	24	25	26	27	28
29	30	31				

Flugkarte GSS

Sigmaringen

Saulgau

München

Memmingen

Augsburg

Stuttgart

Esslingen

Reutlingen

Heilbronn

Gebietskarten

GW (Norden) Hamburg

GSS Sigmaringen

Organigramm GSS

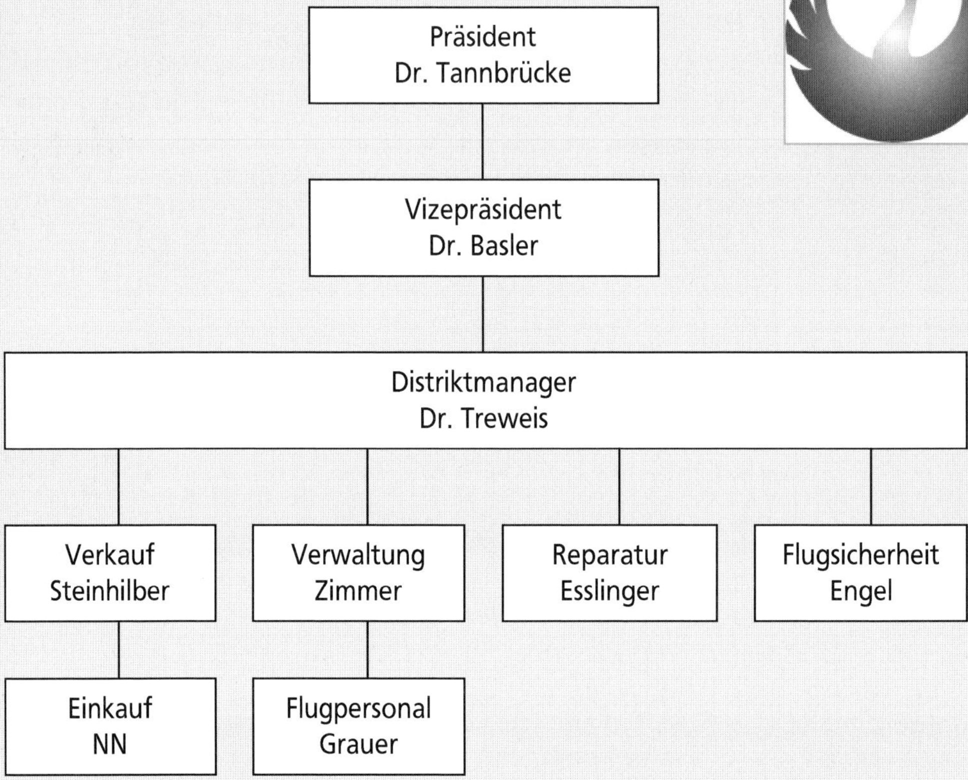

Schriftstück Nr. 1 German Wings

Hauptpersonalabteilung (GW Hamburg)
Dr. Hartmut Müller
Abt. für Weiterbildung

Nur für den internen Gebrauch

An Dr. Treweis
Abteilung Management
GSS
Sigmaringen

Sehr geehrter Herr Dr. Treweis,

Ich darf mich kurz als Leiter der Hauptpersonalabteilung vorstellen. Für unsere neu ernannten Führungskräfte ist das Führungsseminar obligatorisch. Ich möchte Sie deshalb bitten, uns eine verbindliche Zusage für Ihre Teilnahme an dem neu ausgeschriebenen Seminar für Führungskräfte vom 10. bis 12. Dezember zu senden. Aus organisatorischen Gründen können wir leider keinen anderen Termin anbieten.
Das Seminar wird von der Fa. KMP in Heilbronn angeboten. Der Tagungsort ist die Europäische Kompetenz Akademie in Leingarten. Eine Skizze des Anfahrtsweges liegt bei.
Bitte treffen Sie dort pünktlich um 8.00 Uhr ein.
Sie können den Regionalflughafen Heilbronn benützen. Eine Flugerlaubnis lege ich ebenfalls bei.

Hochachtungsvoll

Dr. Müller

PS: Sie können alle anfallenden Aufgaben ruhig an Fr. Simon delegieren. Die kennt sich da schon aus und wird alles bestens regeln.

Schriftstück Nr. 2 **German Wings**

Notiz

Sehr geehrter Herr Dr. Treweis,

leider muss ich morgen meinen Mann ins Krankenhaus begleiten. Ich werde vermutlich den ganzen Tag abwesend sein. Wenden Sie sich in dringenden Fällen an Frl. Bauer. Sie ist Bürogehilfin und kennt sich schon ganz gut bei uns aus.

Tut mir Leid.

Simon

Schriftstück Nr. 3 **German Wings**

Abs. Werner Steinhilber

An Dr. Treweis

Aktennotiz

Sehr geehrter Herr Dr. Treweis,

zunächst darf ich Sie als neuen Leiter der GSS begrüßen. Ich würde mich freuen, wenn wir uns gleich nach Ihrem offiziellen Beginn zu einer kleinen Besprechung zusammensetzen könnten. Ich möchte Ihnen Ihre neuen Mitarbeiter vorstellen und außerdem noch einige Vertragsänderungen bzgl. der neuen Großkunden vorschlagen.
Wir arbeiten inzwischen wesentlich kostengünstiger, diesen Vorteil sollten wir an unsere Kunden weitergeben.

Grüße

Steinhilber

Schriftstück Nr. 4 German Wings

Bernd Oberauer, Brauereibesitzer

An den verantwortlichen Betriebsleiter der Fa.
GSS

Sehr geehrter Herr,

als Brauereibesitzer betreibe ich in der Gegend um Sigmaringen mehrere Gaststätten. In letzter Zeit haben sich zwei Pächter beklagt, dass die Betriebsangehörigen Ihrer Firma mehrfach unangenehm aufgefallen sind. Sie benützen anscheinend unsere Gaststätten als kostenlose Aufenthaltsräume.
Die Pächter klagen, dass sie mit Kunden, die zwei bis drei Stunden im Gastraum sitzen und Kaffeepause machen, keinen Umsatz erzielen. Zudem scheinen die Pausen täglich länger zu werden.
Ich möchte Sie deshalb bitten, Piloten sowie Wartungspersonal darauf aufmerksam zu machen, dass sie doch öffentliche Plätze für ihre Pausen aufsuchen sollten. Als zahlende Gäste sind sie natürlich jederzeit willkommen.

Bernd Oberauer

Schriftstück Nr. 5 German Wings

An Dr. Treweis

Herr Esslinger meint, dass vor allem seine Leute für die Sache bei Oberauer infrage kämen. Sie sollten da schnell etwas tun.

Martha Simon

Schriftstück Nr. 6 German Wings

Abrecht Schröder
Vorstandsvorsitzender German Wings

Sehr geehrter Herr Dr. Treweis,

während meines Kuraufenthalts in Bad Sachsa habe ich Herrn Schlempp von Dasslinger Kreisler Motorenbau getroffen. Da Herr Schlempp ein wichtiger Kunde für uns ist, sollten wir uns dringend mit ihm in Verbindung setzen. Er wartet darauf, dass wir einmal in unseren Flugzeugen Dasslinger Fire Motoren einbauen (zu günstigen Konditionen) und dafür ein lukratives Angebot unseres regionalen und überregionalen Lufttaxis unterbreiten.
Geht das? Kümmern Sie sich bitte sofort um diesen wichtigen Kunden. Herr Schlempp wartet auf Ihren Anruf.

Dr. Albrecht Schröder

Schriftstück Nr. 7 **German Wings**

Elke Neumann

An die Fa. German Star Süd

Sehr geehrte Damen und Herren,

ich bin die Bewohnerin eines Altenheims. Von meinem Fenster aus kann ich den Hinterausgang Ihres Lagers beobachten. Dort sehe ich einen Mann im blauen Anton regelmäßig die Kneipe „Schwemme" besuchen und nach zehn oder zwanzig Minuten wieder zurückkehren.

Ich kann mir denken, was er da macht. Einmal hat er ganz arg geschwankt. Er fährt den Gabelstapler.

Ich will mich ja nicht einmischen, aber man hört so viel über Arbeitsunfälle. Können Sie den Mann nicht mal ein wenig belehren?

Elke Neumann

Schriftstück Nr. 8 German Wings

Dr. Dieter Zimmer
Verwaltungsvorstand

Sehr geehrter Herr Dr. Treweis,

leider muss ich Fr. Martha Simon am Donnerstag, den 12. mit einem dringenden Auftrag nach Hamburg zu unserer Zentrale schicken. Der Auftrag macht persönliches Erscheinen erforderlich.

Ich bitte, Fr. Simon am Donnerstag, den 12.12. zu beurlauben.

Mit freundlichen Grüßen

Dr. Zimmer

Schriftstück Nr. 9 **German Wings**

Markus Biedermann
Heilbronn Komitee

Sehr geehrter Herr Dr. Treweis,

wie Sie sicher wissen, ist Herr Bernd Grauer in unserm Stadtkomitee vertreten und in der Abteilung für die Verschönerung der Altstadt.

In dieser Eigenschaft hat uns Herr Grauer die Summe von 2.500 Euro avisiert, die Sie als gemeinnützigen Beitrag unserer Aktion zur Verfügung stellen wollen.

Ich würde vorschlagen, dass Sie dies im Rahmen einer kleinen Feierstunde am Montag, den 23.12., auf dem Bürgermeisteramt, Zimmer 43 tun. Die lokale Presse ist bereits informiert und wird ebenfalls erscheinen. An diesem Tag beginnen die Werksferien bei Audi, so dass wir mit einem größeren Publikum zu rechnen haben, zumal die meisten unserer Mitglieder in dieser Fa. arbeiten.

Ich freue mich schon jetzt, Sie kennen zu lernen.

Mit freundlichen Grüßen

Markus Biedermann

Schriftstück Nr. 10 German Wings

Dr. Tannbrücke
Präsident

Sehr geehrter Herr Dr. Treweis,

als Präsident von GW darf ich Sie in Ihrer neuen Position herzlich willkommen heißen. Ich denke, dass wir sehr eng und sehr gut zusammenarbeiten werden.

Ich habe hier eine Anfrage von Dr. Pietsch, ob wir nicht ebenso wie bei DK den gesamten Flug- und Kurierdienst bei Audi und evtl. auch bei VW übernehmen könnten. Infrage kämen nur Dienste für das gehobene Management und evtl. sonstige Eilaufträge.

Bitte klären Sie das ab. Beachten Sie, dass bei Audi ein sehr enges Verhältnis zwischen Management und Belegschaft besteht.

Dr. Tannbrücke

Schriftstück Nr. 11 **German Wings**

IBM Germany
Dr. Hollerith

Sehr geehrter Herr Dr. Treweis,

Vor ca. 2 Wochen schrieb Ihnen mein Sohn und bat Sie um Informationen zu Ihren Flugdiensten GW und GSS.

Leider ist bis heute weder ein Prospekt noch ein Flugplan eingetroffen. Ich habe diese Aufgabe meinem Sohn übertragen, damit er bei der Gelegenheit auch für mich exakte Daten zum internen Flugdienst aufstellen kann.

Ich möchte Sie bitten, dieser Anfrage nochmals nachzugehen und meinem Sohn eine baldige Antwort zukommen zu lassen.

Mit freundlichen Grüßen

Dr. German Hollerith

Schriftstück Nr. 12 **German Wings**

Gerhard Huber
Monteur

Sehr geehrter Herr Dr. Treweis,

ich versuche seit mehreren Wochen, Sie zu erreichen, aber die Sekretärin sagt immer, dass Sie abwesend oder in einer Konferenz sind. Ich glaube das nicht mehr.

Ich benötige dringend ein Zwischenzeugnis, das mir der Meister nicht geben will. Dazu habe ich ein Recht, nachdem ich in die Registration versetzt wurde.

Ich will nicht ungehörig werden, aber ich habe bereits den Betriebsrat über diese Sache informiert. Wenn Sie mir das Zeugnis nicht innerhalb von 14 Tagen ausstellen, werde ich die Sache dort in Anhang bringen.

Ich bitte um Ihr Verständnis

Gerhard Huber

Schriftstück Nr. 13 **German Wings**

Freiwillige Feuerwehr Sigmaringen
der Kommandant Gebhard Müller

Sehr geehrter Herr Dr. Treweis,

die Freiwillige Feuerwehr Sigmaringen gibt sich die Ehre, Ihren Herrn Dieter Zimmer zum Bundesverdienstkreuz erster Klasse vorzuschlagen.

In seiner Eigenschaft als Angehöriger der Freiwilligen Feuerwehr hat Herr Zimmer eine ungeheuere Tatkraft entwickelt. So hat er in drei Fällen Personen, darunter zwei kleine Kinder, aus einer brennenden Wohnung gerettet und mit eigenen Händen durch Flammen und Rauch ins Freie geschafft. Dies unter dem selbstlosen Einsatz seines eigenen Lebens.

Wir schätzen es sehr, dass wir diesen mutigen Mann in unseren Reihen haben. Wir würden es begrüßen, wenn Sie Ihrerseits die Aktivität bzgl. des Bundesverdienstkreuzes unterstützen würden.

Ich nehme an, dass sich Herr Zimmer bei Ihnen in ähnlich hervorragender Weise bewährt hat.

Vielen Dank

G. Müller

Schriftstück Nr. 14 German Wings

Vizepräsident
Dr. Basler

Lieber Dr. Treweis,

habe gehört, dass Zimmer das Bundesverdienstkreuz bekommen soll. Unterstützen Sie die Sache mit allem möglichen Nachdruck.

Der Kommandant Müller ist ein Vetter des Ministerpräsidenten. Der Kontakt zum Ministerpräsidenten ist extrem wichtig. Bitte senden Sie mir eine Kopie Ihres Schreibens direkt in die Zentrale.

Mit freundlichen Grüßen

Dr. Basler
Vizepräsident

Schriftstück Nr. 15 German Wings

GW Hauptgeschäftsstelle

Nur für den firmeninternen Gebrauch

An alle Manager der Führungsebene 2 A

5.12.

Sehr geehrter Herr Treweis,

mit Sorge musste ich feststellen, dass parallel zu unserem Taxidienst und Hubschrauberservice die Fa. Swiss Kranich ihren eigenen Flug- und Lufttaxiservice in unseren Bereich hineinverlegt.
Nun können wir diese Firma nicht daran hindern zu expandieren. Das Problem ist, dass die in der Schweiz verdienten Gelder dazu benutzt werden, die Flüge hier zu sponsern. Damit haben wir es mit einem aggressiven Konkurrenten zu tun, der Billigflüge anbietet. Wir können da nichts tun; eine Überlegung wäre, im Süden ebenfalls eine „Working Class" anzubieten.
Der Service der Swiss Kranich scheint identisch mit unserem zu sein. Wo sehen Sie bei uns noch Verbesserungsmöglichkeiten, damit wir auf diesen Angriff kontern können?
Wir erwarten einen Zweikampf, den wir ohne unsere Kunden schlichtweg nicht gewinnen können. Die einzige Überlebensstrategie scheint mir, leistungsfähiger zu sein und einen besseren Service zu bieten als die anderen.
Wir tun, was wir können, um dieses Ziel zu erreichen, aber das ist nicht genug. Was sich hier im Grenzland abspielt, kann sich auf der französischen Seite wiederholen.

Ich erwarte von Ihnen einen detaillierten Aktionsplan incl. Stellungnahme, um diese örtliche Schlacht zu gewinnen. Bitte senden Sie mir ein entsprechendes Papier zu, und zwar spätestens bis zum 20. 12.

Dr. Tannbrücke

Präsident

Schriftstück Nr. 16 German Wings

GSS

Nur für den internen Gebrauch bestimmt

Verwaltung / Regionalflugplatz Heubach 14.12.

Sehr geehrter Herr Treweis,

Herr Dr. Huber ist ein wichtiger Industrieller in der Region Schwäbisch Gmünd. Wir würden gerne unseren regelmäßigen Taxi- oder besser Luftbusservice auf den Regionalflughafen Heubach ausweiten.
Firmen wie Triumph, Reu, Küchen Leicht, Wagner, Glashütte Wiesenthal und so weiter sind in der unmittelbaren Nähe.
Ich würde mich für einen solchen Dienst versuchsweise stark machen.
Bitte erstellen Sie eine Wirtschaftlichkeitsrechnung und leiten Sie mir diese umgehend zu.
Ich denke, dass das bis zum 17. d. M. machbar sein sollte.
Wie sehen Sie die Lage? Müssen wir da mit erheblichen Kosten rechnen oder können wir vom Start weg mit einem kleinen Gewinn kalkulieren?

Auf Ihre Meinung lege ich großen Wert.

Ich denke, Sie sollten sich dieser Sache selbst annehmen.

Basler

Basler / V Präsident

Schriftstück Nr. 17 **German Wings**

Etat-Antrag: 22.12.

Mein derzeitiger Reparaturwagen ist bereits zum zweiten Mal stehen geblieben. Ich kann mich kaum auf dem Rollfeld bewegen. Ständig habe ich damit Schwierigkeiten.
Ich bitte um die vorgezogene Zuteilung eines neuen Reparaturwagens mit der Standard-Werkzeugausrüstung.
Der Einkauf hat leider schon abgelehnt. Ihre Entscheidung allein kann den Ausschlag geben.

Mit freundlichen Grüßen

Patrick Model
Mechaniker

Schriftstück Nr. 18 German Wings

Dr. Treweis,

einer meiner Leute möchte sich gerne vom Verkauf in den Einkauf versetzen lassen. Im Einkauf gibt es derzeit eine Vakanz. Können wir das machen?

Allerdings fehlt mir der Mann im Verkauf. Ich bin im Moment wirklich sehr unschlüssig. Muss aber bis morgen eine Entscheidung treffen.

Steinhilber

Schriftstück Nr. 19 German Wings

Endanweisung:

(1)
Wenn Sie alle Schriftstücke bearbeitet haben, schreiben Sie bitte noch auf, welche weiteren Maßnahmen Sie ergreifen würden, auch wenn dies nicht unmittelbar im Postkorb steht.

(2)
Welche Hauptprobleme sehen Sie als Distriktmanager? Was würden Sie global dagegen tun?
Wie sollte sich Dr. Treweis gegenüber seinen Mitarbeitern verhalten?

(3)
Welche Maßnahmen zur Kompetenzerhöhung würden Sie wem empfehlen?

Das Interview danach

Gerne wird nach so einer Postkorb-Übung ein Auswertungsgespräch angesetzt. Geübte Prüfer möchten dann von Ihnen wissen, warum Sie sich so und nicht anders entschieden haben.

Kardinalfehler: Konzeptlosigkeit

Was wird dabei von Ihnen erwartet? Ihre Antworten sollten bestimmten Anforderungen an Planung, Organisationstalent und vorausschauender Strategie genügen. Es ist falsch, wenn Sie sich ohne Konzept an die Lösung der Postkorb-Übung machen. Eine schlechte und kaum an der Unternehmenswirklichkeit orientierte Strategie ist dabei immer noch besser als gar keine.

Konsequent bleiben

Es ist zugleich eine Frage der Organisation, dass man wichtige und unwichtige Aufgaben unterscheiden kann und zugleich weiß, was eventuell zu delegieren ist. Wenn Sie sich einmal für einen Weg entschieden haben, dann müssen Sie diesen auch durchhalten. Es ist äußerst schlecht, während der Postkorb-Übung die Richtung zu ändern. Das wird Ihnen als Entscheidungs- und Führungsschwäche ausgelegt.

Beliebt sind bei den Prüfern Fragen nach dem Warum einer Entscheidung. Man will von Ihnen wissen, weshalb Sie eine Anweisung so und nicht anders gegeben haben. Hier geht es um Ihre Strategie. Schlecht ist, wenn Sie Ihre Entscheidungen nicht begründen können, wenn Sie etwa nur so vor sich hin entschieden haben. Die Assessoren wollen einen roten Faden bzw. eine Zielrichtung in Ihrem persönlichen Entscheidungsprozess erkennen.

Eine weitere Chance, kräftig negative Wertungen zu sammeln, besteht darin, dass Sie sich bei mehreren Aufgaben nicht entschieden, sondern diese einfach weitergeleitet haben. Man wird Ihnen dann einen deutlichen Mangel an Entscheidungsfreudigkeit und -fähigkeit vorwerfen.

Entscheidung in fünf Kategorien

Wonach werden Sie beurteilt?

Welche Werte möchte man nun gerne von Ihnen haben? Wie schon vorher betont, zählen Postkorb-Übungen heute zum Standardrepertoire jedes Assessment-Centers. Warum ist diese Übung so wichtig? Welche besonderen Fähigkeiten können darin beobachtet werden?

Ursprünglich wurde die Postkorb-Übung für militärische Zwecke verwendet. Erst später füllten zivile Inhalte die entsprechenden Anweisungen auf den Arbeitsblättern.

Die folgende Übersicht gibt einen Überblick über die Eigenschaften, die in der Postkorb-Übung beobachtet werden.

Beurteilung der Postkorb-Übung

Wertungspunkte laut Beobachtung

Stresstoleranz	gering	1......... 2 .... 3......... 4 .... 5......... 6	hoch
Arbeitsstil	chaotisch	1......... 2 .... 3......... 4 .... 5......... 6	systematisch
Entscheidungsfähigkeit	schwach	1......... 2 .... 3......... 4 .... 5......... 6	entwickelt
Planung/Organisation	keine	1......... 2 .... 3......... 4 .... 5......... 6	durchdacht
Führungsstil	autoritär	1......... 2 .... 3......... 4 .... 5......... 6	teambezogen

Stresstoleranz

Dass Stresstoleranz an erster Stelle genannt wird, darf Sie nicht wundern, immerhin hat sich herumgesprochen, dass Führungskräfte einem erheblichen Stress ausgesetzt sind.

Führungskräfte müssen stressresistent sein

Wie sich der Stressfaktor im Assessment-Center erhöhen lässt, wurde bereits unter dem Abschnitt „Schikanen“ geschildert. Ihre Beobachter werden nun im Laufe der Postkorb-Übung genauestens auf Anzeichen von Stress achten. Zu diesen Anzeichen gehören erhöhte Absonderung von Achselschweiß, Schweißperlen im

Gesicht (vor allem auf der Stirn), fahrige Bewegungen, nachlassende Konzentration, stark erhöhter Puls, Anstieg von Fehlern und kleineren Ungeschicklichkeiten (z. B. den Stuhl umwerfen, Schere fallen lassen, Telefonhörer daneben legen etc.), Zittern, monotone und unbewusste Bewegungsabläufe wie Fingerklopfen, Fußstampfen, Stirnabwischen, Stottern usw.
Die Summe dieser Beobachtungen wird von dem zuständigen Assessor in ein Kontrollblatt eingetragen und die Stresstoleranz zum Schluss dieser Übung eingeschätzt. Dann erfolgt, evtl. mit einer gemeinsamen Abstimmung, der Eintrag in die oben dargestellte Liste.

Arbeitsstil

Systematisch, planvoll, leistungsstark?

Im Bereich Arbeitsstil wird Ihre persönliche Arbeitsorganisation beobachtet. Können Sie systematisch und planvoll arbeiten? Wie stellt sich Ihre Arbeitsleistung dar? Fällt sie nach einiger Zeit wieder ab? Halten Sie Ihre Arbeitssystematik auch dann durch, wenn die Zeit knapp wird? Bemühen Sie sich, begonnene Arbeiten abzuschließen? All diese Fragen sind Bestandteil einer Beurteilung im Bereich des Arbeitsstils.
Die oben genannten Formulierungen finden sich immer in dieser oder in einer ähnlichen Form in den Bewertungsbögen für das Assessment-Center. Für die Beurteilung des Arbeitsstils greifen mehrere Fakten ineinander. So könnten Sie zum Beispiel unter Stress Ihren Arbeitsstil ändern, Sie könnten mehrere gravierende Fehler machen oder gar den Test aufgeben, indem Sie alles delegieren.

Sicher wird man Sie später im Interview noch im Einzelnen zu Ihrem persönlichen Arbeitsstil befragen. Sie sollten sich schon während der Postkorb-Übung einige plausible Antworten für Ihr Verhalten zurechtlegen. Schlecht ist, sich von den Fragen der Interviewer überraschen zu lassen oder sich gar zu drücken.

Entscheidungsfähigkeit

Management-Alltag = Entscheidungen treffen

In diesem Beurteilungspunkt sehen die Assessoren wichtige Merkmale einer Führungskraft. Etwa 70 Prozent der Aufgaben eines Managers bestehen im Fällen von Entscheidungen. Die restlichen 30 Prozent teilen sich in Supervision, Kontrolle und Zielsetzung. Damit ist schon das Wesentliche gesagt: Wer nicht entscheiden kann, ist für einen höheren Posten untauglich.
Nicht immer steht bei der Beurteilung der Entscheidungsfähigkeit die Überlegung im Vordergrund, ob diese Entscheidung richtig oder falsch ist, sondern es wird grundsätzlich geprüft, ob man die Fähigkeit hat, Entscheidungen zu fällen.
Entscheidungen werden in beinahe allen Aufgaben der Postkorb-Übung von Ihnen verlangt und es liegt an Ihnen, das Risiko abzuschätzen bzw. eine Fehlentscheidung in Kauf zu nehmen. Ihre Entscheidungen sollten in eine gewisse Systematik eingebunden sein und immer die gesamte Aufgabenstellung mit berücksichtigen.

Bei den Beobachtern ist die Frage nach den Gründen für eine Entscheidung sehr beliebt. Sie sollten darauf vorbereitet sein. Ausweichende Antworten, die keine klare Linie erkennen lassen, werden Ihnen als Entscheidungsschwäche ausgelegt.

Zwar scheint es im Falle eines Entscheidungskonflikts durchaus möglich, eine endgültige Stellungnahme so weit zu vertagen, bis weitere Informationen zu diesem Bereich eingegangen sind, doch dieses Vorgehen wird von den Bewertern nicht honoriert. Ihre Aufgabe als Führungskraft ist es, Entscheidungen zu treffen und nicht darauf zu warten, bis sich diese von selbst erledigen. So gesehen versperrt sich Ihnen im Assessment-Center die Möglichkeit, bestimmte Entscheidungen zu vertagen, wie man das in der Praxis häufiger macht.

Planung und Organisation

Der Beurteilung Ihrer Planung und Organisation wird von den Assessoren ein optimales Schema zu Grunde gelegt. Letzteres ändert zwar den Namen von Zeit zu Zeit, bleibt inhaltlich aber im Großen und Ganzen gleich.

Ihr Ziel: Effektivität

Es ist schwierig, generelle Verhaltensanweisungen für diesen Bereich zu geben. Einige Hinweise finden Sie in der Checkliste zu diesem Kapitel. Sicher ist, dass Sie umso mehr Pluspunkte erhalten, je größer Ihre durch Planung und Organisation belegte Arbeitseffektivität ist.

Die meisten Postkorb-Übungen sind so angelegt, dass normalerweise kein Bewerber damit fertig werden kann. Tun Sie es trotzdem, so spricht das für Ihr Planungs- und Organisationsgeschick.

Bei der Entwicklung eines eigenen Planungssystems könnten Sie sich zum Beispiel überlegen, wie Sie sich sinnvoll in die vorgegebenen Ereignisse einarbeiten könnten. Wie sollte die optimale Planung aussehen, um möglichst keine Informationen unter den Tisch fallen zu lassen? Sind in den Unterlagen versteckte Fallen eingebaut? Legen Sie sich ein Planungskonzept zurecht, das zunächst darauf aus ist, einen groben Überblick zu erlangen. Versuchen Sie dann, im zweiten Schritt ins Detail zu gehen.

Bereiten Sie sich darauf vor, dass Sie im Interview zu Ihrer persönlichen Arbeitstechnik befragt werden. Es ist wichtig, diese entsprechend darzustellen und zu begründen. Zugleich müssen Sie nachweisen, dass Sie sich an dieser persönlichen Planungs- und Organisationstechnik orientiert haben.

Wenn Sie Anregungen für diesen Punkt im Assessment-Center erhalten möchten, sollten Sie sich nach Seminaren oder Büchern im Bereich „persönliche Arbeitstechniken“ erkundigen. Dort finden Sie die unter Planung und Organisation verstandenen Verhaltensweisen.

Führungsstil

Ihr persönlicher Führungsstil kann auf mehrfache Weise bewertet werden: Zum einen werden Sie direkten Kontakt zu „Mitarbeitern" haben und diesen entsprechende Verhaltensanweisungen geben. Zum anderen werden Sie verschiedene schriftliche Anweisungen zum Lösen von Problemen geben müssen. Ihr Führungsstil wird daraufhin untersucht, ob Sie ins Team passen und selbst Teamarbeit befürworten.

Darf ein Manager brüllen?

Heute gehen da die Meinungen weit auseinander. Während das Gros der Manager der Meinung ist, dass Wut, Temperamentsausbrüche, Freudengeheul oder gar Schimpfkanonaden in den schallgedämmten Teppichetagen der Wirtschaft verpönt sind, tauchen in jüngster Zeit wieder Führungskräfte mit autoritären Führungsansprüchen auf. So meint der Personalvorstand beim Kölner Versicherungskonzern Gerling: „Als Vorgesetzter habe ich eine besondere Verantwortung, mich zu disziplinieren und emotional beherrscht zu bleiben. Einen Wutanfall halte ich für schädlich."[1]

Während in einigen Firmen darauf geachtet wird, dass das Management sowohl Freude als auch Wut gleichermaßen hinunterschluckt, sehen das andere nicht so eng. Claus Wisser, einer der erfolgreichsten Unternehmer Deutschlands, der neben einer Gruppe von Dienstleistungsunternehmen die Mehrheit an einigen Textilunternehmen besitzt, meint: „Ich bin ein Bauchmensch, der einen Wutausbruch bekommt, wenn ihn etwas ärgert. Ich bin nicht auf der Welt, um Pädagoge zu sein, sondern um gewisse Dinge zu bewegen."[1]

Ähnliches erwartet er von seinem Führungspersonal, das die rund 25.000 Mitarbeiter in einer Vielzahl unterschiedlicher Unternehmen führt. Typische Manager, die sich hinter Fakten, Zahlen und Institutionen verschanzen, haben bei ihm keine Chance.

Entscheidend: der Führungsstil des Unternehmens

So betrachtet, sollten Sie sich vorher, d.h. bevor Sie am Assessment-Center teilnehmen, danach erkundigen, welcher Führungsstil im neuen Unternehmen gefragt ist, und Ihr Verhalten danach ausrichten.

---

[1] Ogger 1992, S. 217

Checkliste Postkorbübung

Darauf müssen Sie bei der Postkorb-Übung besonders achten:

Den Überblick gewinnen

→ Lesen Sie alle wichtigen Informationen in der Postkorb-Übung sofort.
→ Ordnen Sie die Vorfälle nach bestimmten Kriterien (z. B. Priorität).
→ Trennen Sie die Vorfälle in „privat“ und „geschäftlich“.
→ Bearbeiten Sie die wichtigsten Vorfälle zuerst.
→ Sortieren Sie unwichtige Vorfälle aus.
→ Fassen Sie Sachzusammenhänge in Gruppen zusammen.
→ Machen Sie sich einen Zeitplan.

Eigene Aufgaben auswählen

→ Aufgaben, die Sie selbst erledigen möchten, markieren Sie besonders.
→ Erstellen Sie für diese Aufgaben ein besonderes Planungsschema (z.B. nach Priorität).
→ Prioritäten oder besondere Interessen müssen immer berücksichtigt werden.
→ Machen Sie einen Zeitplan als Verlaufplan.
→ Halten Sie die darin festgelegten Abfolgen auf jeden Fall ein.
→ Ihr Vorgehen sollte eine gewisse Arbeitssystematik erkennen lassen.
→ Diese sollten Sie auch später beim Interview vertreten können.

Zusatzinformationen einholen

→ Fordern Sie Zusatzinformationen bei der Sekretärin an.
→ Für Aufgaben, die nicht sofort zu bewältigen sind, benötigen Sie eventuell Zusatzinformationen. Holen Sie sie ein (bzw. durchforsten Sie Ihre Unterlagen).

- → Zusatzinformationen betreffen die wichtigsten Gebiete zur Entscheidungsvorbereitung, sie sollten also ernst genommen werden, sonst hält man Ihnen eine nicht fundierte Entscheidungsfindung vor.

Delegieren

- → Delegieren Sie Aufgaben, die Sie nicht selbst erledigen müssen.
- → Sie müssen begründen können, warum Sie bestimmte Aufgaben delegiert haben.
- → Für jede delegierte Aufgabe sollten Sie eine Kontroll-Liste zur Wiedervorlage vorsehen, das zeigt, dass Sie den Überblick behalten.

Entscheidungen treffen

- → Legen Sie sich genau zurecht, welche Entscheidungen Sie selbst treffen werden und warum Sie dies tun.
- → Alle eigenen Entscheidungen müssen in Ihre Organisationsstruktur passen.
- → Prioritäten und Interessen sollten nach einem Punktesystem abgewogen werden.
- → Treffen Sie Entscheidungen dann, wenn sie notwendig werden – nicht zu früh, aber erst recht nicht zu spät.
- → Alternativen, die sich anbieten, sollten berücksichtigt werden.
- → Die Konsequenzen einzelner Entscheidungen (Fehlentscheidungen) müssen Ihnen bewusst sein.
- → Jede Ihrer Entscheidungen muss plausibel sein und sich rechtfertigen lassen.
- → Gehen Sie kalkulierte und begrenzte Risiken ein.
- → Die Einflüsse, die Ihre Entscheidungen auf die übrigen Aufgaben im Postkorb haben, müssen einkalkuliert werden. Eventuell erledigen sich nach einer bestimmten Entscheidung Teilbereiche aus dem Postkorb von alleine.

Rollenspiel

Rollenspiel – was ist das?

Wann werden Rollenspiele eingesetzt?

Rollenspiele haben im Assessment-Center eine unterschiedliche Gewichtung. Immer dann, wenn Publikumsverkehr oder Personalverantwortung mit dem jeweiligen Posten verbunden sind, wird das Rollenspiel für die Endentscheidung ausgesprochen wichtig.
Durch das Rollenspiel, in dem bestimmte betriebliche Situationen durchgespielt werden, erhofft man sich Aufschluss über Ihr zukünftiges Verhalten als Mitarbeiter oder Vorgesetzter. Ob diese Rechnung aufgeht, steht auf einem anderen Blatt.

„Weiche" Faktoren messen

Das Rollenspiel wurde als Übung relativ spät in das Assessment-Center eingeführt. Nach einer gewissen Anlaufzeit bilden Rollenspiele heute allerdings das Herzstück jedes Assessment-Centers. Das liegt daran, dass nur das Rollenspiel geeignet ist, so genannte „weiche" Informationen darzustellen. Es zeigt, ob ein Kandidat einen kooperativen Arbeitsstil oder Teamfähigkeit besitzt. Es vermag zu vermitteln, wie ein Kandidat diese Aussagen in der Praxis verwirklichen möchte.

Maßstab: die jeweilige Unternehmenskultur

Entscheidend für den Anspruch ist dabei die selbst definierte Unternehmenskultur. Passt zum Beispiel ein autoritärer Einkäufer in eine sozialintegrative Unternehmenskultur? Inwiefern ist ein Umdenken in den Führungsetagen erwünscht? Nur das Assessment-Center kann einen neuen Trend zielwirksam in die Realität umsetzen.
Im Bereich Management liegen die entscheidenden Erfolgsfaktoren in der Kommunikation – sowohl im Einzelgespräch als auch in der Gruppe und im Vortrag. Etwa 80 Prozent aller Managementtätigkeiten sind mit Gesprächen verbunden. Dazu gehören Verhandlungen, Personalgespräche, zielorientierte Überzeugung und Verkaufsgespräche. Als typische Situation wird im Assessment-Center das Eins-zu-eins-Gespräch herausgegriffen. Je nach

Position sind ein oder zwei Rollenspiele für die Kandidaten vorgesehen.

Dauer, Thema und Gesprächspartner

Beim Rollenspiel handelt es sich um ein simuliertes Gespräch zwischen zehn und 30 Minuten Dauer. Verschiedene Gesprächsthemen sind in der folgenden Tabelle dargestellt. Sie übernehmen jeweils die Rolle, die in den Anforderungskatalog Ihres zukünftigen Arbeitsplatzes fällt. Das heißt, Sie sind Vorgesetzter, Mitarbeiter oder Experte. Die Rolle des Gesprächspartners spielt ein Assessor oder ein geschulter Trainer.

z.B

Typische Rollenspiel-Themen

→ Verhandlungen (Lohn, Arbeitszeit, Konstruktion etc.)
→ Einkaufsgespräch
→ Verkaufs- oder Vertriebsverhandlung
→ Arztbesuch eines Betriebsangehörigen
→ Preisgespräch
→ Kundenbesuch eines Außendienstlers
→ Mitarbeiterkritik-Gespräch
→ Beurteilungs- und Förderungsgespräch
→ Einstellungsgespräch in der Personalabteilung
→ Bearbeiten von Beschwerden
→ Beratung eines Mitarbeiters im Vertrieb
→ Kundenbesuch zusammen mit einem Kollegen

Selten: Rollenspiele zweier Kandidaten

Man vermeidet es in der Regel, dass zwei Kandidaten miteinander (gegeneinander) spielen müssen, denn möglicherweise sind die Rollen ungleich verteilt. So lässt sich immer nur ein Bewerber beobachten, was zeitaufwendig ist. Trotzdem wiegen die Vorteile diesen Nachteil auf. Beim Rollenspiel entstehen ganz praxisnahe Lösungen, die sich von den Beobachtern optimal einschätzen lassen.

Durchführung

Wichtig: geschulte Beobachter

Die Durchführung des Rollenspiels gliedert sich korrekt in vier Teile: in die schriftlichen Vorabinformationen für Sie als Bewerber, in den Ort der Übung, in die Beobachtung des Handlungsablaufs und in die Nachbesprechung. Um eine einwandfreie Auswertung zu ermöglichen, müssen die Beobachter im Herausarbeiten der Situationsdiagnostik, also der genauen Darstellung der Kernpunkte der Gesprächssituation, geschult sein.
Der erste Bestandteil, die schriftlichen Vorabinformationen, könnte etwa folgendermaßen aussehen:

Rollenspiel: Vorabinformation

Sie sind Leiter des Außendienstes eines Drogeriewarenkonzerns. Zu den Ihnen unterstellten Mitarbeitern gehören die Gebietsleiter und die freien Mitarbeiter in den einzelnen PLZ-Bereichen. Sie sprechen mit Herrn Szybinski, einem langjährigen Großkunden, der eine neue Drogeriemarktkette aufbauen und neue Konditionen aushandeln will.
Der zuständige Außendienstmitarbeiter ist im Moment in Urlaub und damit nicht für Sie erreichbar. Dasselbe gilt für den Gebietsleiter, dem vor einer Woche fristlos gekündigt wurde.
Bei der Firma, die Sie zu vertreten haben, handelt es sich um ein Unternehmen, das Markenprodukte herstellt.
Herr Szybinski ist als schwieriger Kunde bekannt. Da der Markt weitgehend homogen ist und von den Mitbewerbern vollständig abgedeckt wird, kommt es auf Ihr Verhandlungsgeschick an. Beantworten Sie die Forderungen von Herrn Szybinski so, dass der Firma kein Verlust entsteht. Ihre Hauptaufgabe ist die Einwandsbehandlung.
Bedenken Sie dabei die Bedeutung der Kundenbindung gerade in einem homogenen Markt.

Zeit: 20 Minuten.

Praxisnähe durch ausführliche Infos

Zusätzlich zu dieser Rollenspielanweisung erhalten Sie auf etwa zwei bis drei Seiten alle Hintergrundinformationen, die Sie in der Praxis auch hätten. Zum Beispiel Produktinformationen, inhaltliche Einwandsbehandlung, Vorabinformationen über den Gesprächspartner, ein Kundenstammblatt sowie ein Resümee der vergangenen Gespräche.

Bei dieser Aufgabenstellung kommt es vor allem auf eine gute Einwandsbehandlung an, d.h., Sie müssen darauf gefasst sein, dass Ihr Rollenspielpartner Sie mit einer Reihe gut vorbereiteter Einwände konfrontiert. Dazu ist der Drogeriemarkt mit seinen weitgehend austauschbaren Produkten ein typisches Beispiel. Das bedeutet für Sie, dass Sie Ihre Kenntnisse des Marktes voll anwenden müssen, um zu überzeugen und um ein echtes Verkaufsgespräch zu führen.

Das Rollenspiel ist so gestaltet, dass Sie mit dem Partner zum ersten Mal zusammentreffen. Sinn dieser Konstruktion ist, dass man beobachten will, wie Sie den Kontakt zum Gegenüber aufbauen.

Achtung: Wenn nicht alle in der Anforderungsanalyse genannten Forderungen unmittelbar in die Übung umgesetzt werden können, beobachten die Assessoren unter Umständen ein Verhalten, das mit der ausgeschriebenen Stelle nur wenig zu tun hat. Manchmal wird dies auch von Teilnehmern bestätigt, die darauf hinweisen, dass sie im Betriebsalltag ganz anders vorgehen würden.

Vorbereitungszeit

Die Vorbereitungszeit auf das Rollenspiel ist Bestandteil jeder Rollenübung. Je nachdem, wie komplex die Übung ist, wird eine Vorbereitungszeit zwischen zehn Minuten und einer Stunde gewährt. Diese Zeit dient dazu, die Fakten auswendig zu lernen und so etwas wie einen Rollenplan aufzustellen. Sie sollten während dieser Zeit alle wichtigen Daten des Rollenspiel-Textes memorieren, um diese nachher im Gespräch zu verwenden.

Stress durch Zeitdruck

Ein wichtiger Faktor ist die zur Verfügung stehende Zeit. Ist diese zu kurz bemessen, dann haben Sie oft nicht alle Daten zur Verfügung und müssen improvisieren. Sie haben dann außerdem nicht mehr die Gelegenheit, sich in die wichtigsten Teile des Geschehens einzuarbeiten. Die knappe Zeit setzt Sie unter Stress und Ihre Leistungen werden damit zusehends schlechter. Vermutlich werden Sie in der Not viel eher das Verhalten zeigen, von dem Sie vermuten, dass es sozial erwünscht ist. Ihr tatsächliches Verhalten in der korrekten Situation wird kaum zur Sprache kommen.
Natürlich dient eine kurze Vorbereitungszeit dazu, Sie unter Stress zu setzen. Oft genügt die Zeit gerade, um die Rollenanweisung durchzulesen. Andere Veranstalter geben Ihnen den Text sozusagen als Hausaufgabe mit ins Gästehaus bzw. Hotel oder lassen das Rollenspiel in Gruppen vorbereiten.

Bleiben Sie „Sie selbst"!

Vorsicht ist in jedem Fall angebracht, wenn Sie ein Verhalten einstudiert haben, von dem Sie sich eine positive Wirkung auf Ihre Prüfer erhoffen. Wenn Sie sich nicht hundertprozentig in Ihre Rolle versetzt haben, so wird dies Ihren Prüfern auf jeden Fall negativ auffallen. Verhalten Sie sich im Zweifelsfall also lieber so, wie Sie es in der konkreten Situation auch tun würden.

Rollenspiel-Thema Gehalt

Ein besonders beliebtes Rollenspiel-Thema ist das Gehalt. Sei es, dass die Planer von Assessment-Centern glauben, dass diese Thematik besonders aufschlussreich ist, sei es, dass dieses Thema tatsächlich konfliktträchtig ist – warum gerade dieses Thema so beliebt ist, lässt sich schwer nachvollziehen.
In der nachfolgenden Zusammenstellung finden Sie eine entsprechende Rollenanweisung zu diesem Thema sowie eine Anweisung für den Assessor. Aus ihr wird deutlich, dass Ihr Gegenpart nicht unbedingt auf Konfrontationskurs zu Ihnen liegt. Es hängt also allein von Ihrem Verhalten ab, wie sich die Situation entwickelt.

z.B

Rollenspiel: Gehalt

Rollenspiel-Anweisung für den Vorgesetzten

Sie sind Herr Applicat, neu im Betrieb und Vorgesetzter einer hoch spezialisierten Abteilung. Da Ihr Betrieb in einer relativ kleinen Stadt angesiedelt ist, sind Fachkräfte im unmittelbaren Umkreis nur schwer zu bekommen. Bis vor kurzem mussten Sie zudem die meisten Experten auf eigene Kosten ausbilden. Dafür wurde von der Firma eine eigene Weiterbildungsakademie gegründet.

In jüngster Zeit hat sich einer Ihrer leitenden Ingenieure selbstständig gemacht und in einem benachbarten Dorf eine eigene Firma angesiedelt.

Sukzessive wirbt er nun Ihre besten Kräfte mit lukrativen Angeboten ab. Da er die meisten Mitarbeiter auf Grund seiner früheren Betriebszugehörigkeit kennt, sind die Angebote ganz spezifisch auf die Lebenssituation jedes Einzelnen zugeschnitten. Sie haben in letzter Zeit schon eine ganze Reihe begabter Mitarbeiter verloren.

Jetzt steht Herr Humeur vor Ihnen und ersucht um eine Gehaltserhöhung. Sie vermuten ein Angebot der Konkurrenz hinter diesem Ansinnen, sind sich aber nicht ganz sicher.

Diese Variablen sollten Sie berücksichtigen

Um die Fakten abzuklären, gehen Sie sie mit Herrn Humeur im Einzelnen durch. Zunächst einfach, um herauszufinden, ob er die richtige Vergütung für seine Position erhält und ob eventuell noch ein Spielraum bleibt, der bisher noch nicht ausgeschöpft wurde.

Zunächst gehen Sie die Einflussgröße „Unternehmen" durch. Inwiefern beeinflussen Größe, Konzernabhängigkeit, Ertragslage, Branche, Standort und Rechtsform das Lohngefüge?

Dann folgt die Einflussgröße „Position". Sie wird aufgegliedert in Funktion, Personalverwaltung, Vollmachten und Status innerhalb der Firma.

Die Einflussgröße „persönliche Voraussetzungen" hängt mit Lebensalter, Berufserfahrung, Firmenzugehörigkeit, Ausbildung und individueller Leistung zusammen.

Als letzte erkennbare Größe diskutieren Sie den Faktor „Markt" mit Herrn Humeur. Dieser richtet sich nach Angebot und Nachfrage sowie nach der konjunkturellen Lage.
Stellen Sie die oben genannten Größen für Herrn Humeur fest und entwickeln Sie daraus ein Gehaltsangebot.

Gesprächszeit: 20 Minuten.

Rollenspiel: Gehalt

Rollenspiel-Anweisung für den Mitarbeiter (Assessor)

Sie sind Herr Humeur und arbeiten in der Abteilung von Herrn Applicat. Anlässlich Ihrer zehnjährigen Betriebszugehörigkeit fassen Sie den Mut und sprechen bei Herrn Applicat vor. Sie bedanken sich für die Urkunde zur Betriebszugehörigkeit und möchten auch auf Ihr derzeitiges Gehalt zu sprechen kommen.
Gegenüber Ihrem jetzigen Vorgesetzten sind Sie unsicher, vor allem weil er schon öfter missliebige Äußerungen über die Konkurrenz fallen ließ. Er ist noch sehr neu und lässt sich in Gehaltsproblemen nicht einschätzen. Gemeinsam mit den Kollegen haben Sie sich bisher weitgehend zurückgehalten.
Die neu angesiedelte Firma hat bereits Ihr Interesse erregt, weil ein Kollege von dort ein hervorragendes Angebot bekommen hat. Auch Ihnen wurde bereits ein Angebot avisiert. Sie selbst wollen jedoch abwarten und zunächst die Möglichkeiten der Entwicklung in Ihrem derzeitigen Betrieb ausloten.
Ihr jetziger Arbeitsplatz gefällt Ihnen sehr gut und Sie fühlen sich persönlich in der Abteilung anerkannt. Sie sind an einem schnellen Wechsel nicht interessiert, könnten sich jedoch längerfristig einen anderen Arbeitsplatz durchaus vorstellen.
Ihr Verbleib im derzeitigen Arbeitsverhältnis hängt jedoch vom Arbeitsklima und von den weiteren Entwicklungsmöglichkeiten ab.
Sprechen Sie unter diesen Voraussetzungen mit Herrn Applicat.

Wie wird das Rollenspiel beurteilt?

Führungsqualitäten beweisen

Anhand der vorher genannten Rollenspiel-Voraussetzungen geben Sie sozusagen eine Arbeitsprobe als Vorgesetzter ab. Sie sollen zeigen, ob Sie als Führungskraft geeignet sind, Mitarbeitergespräche zu führen, die Mitarbeiter zu ermutigen und letztendlich für die eigene Firma zu motivieren.

Was Sie persönlich zeigen sollten, ist ein Verhandlungsstil, der sowohl durch Kontaktfähigkeit und Einfühlungsvermögen als auch durch Flexibilität und Durchsetzungsvermögen überzeugt.

Die beobachtenden Assessoren füllen wiederum einen Beurteilungsbogen aus, in dem wesentliche soziale Eigenschaften genannt sind:

Beurteilungsbogen Rollenspiel

So werden Sie beurteilt:

	Nicht vorhanden … optimal verwirklicht
kooperativer Führungsstil	1 .... 2 .... 3 .... 4 .... 5 6
Einfühlungsvermögen	1 .... 2 .... 3 .... 4 .... 5 6
Flexibilität	1 .... 2 .... 3 .... 4 .... 5 6
Verhandlungsgeschick	1 .... 2 .... 3 .... 4 .... 5 6
Gesprächsführung	1 .... 2 .... 3 .... 4 .... 5 6
Überzeugungskraft	1 .... 2 .... 3 .... 4 .... 5 6
persönlicher Kontakt	1 .... 2 .... 3 .... 4 .... 5 6
Durchsetzungsvermögen	1 .... 2 .... 3 .... 4 .... 5 6
Fähigkeit, Mitarbeiter zu motivieren	1 .... 2 .... 3 .... 4 .... 5 6
Belastbarkeit in kritischen Situationen	1 .... 2 .... 3 .... 4 .... 5 6

Das oben genannte Verhalten wird im Idealfall von zwei oder drei Beobachtern eingeschätzt. Nicht immer haben Sie jedoch dieses Glück. Oft verteilen sich die Beobachter auf mehrere Personen, d.h., die Assessoren zirkulieren.
Was sollten Sie nun besonders beachten? Zunächst sei vorangestellt, dass jedes Rollenspiel eine Gratwanderung ist. Wenn Sie zu sehr auf die Argumente Ihres Mitspielers eingehen, wird man Ihnen Führungsschwäche vorwerfen. Hören Sie gar nicht auf ihn, so ist Ihr Verhalten autoritär. Um den allseits geschätzten kooperativen Führungsstil zu zeigen, muss Ihr Verhalten in der Mitte zwischen autoritär und Laisser-faire liegen.

Viele Firmen schätzen es auch, wenn Sie Selbstbeherrschung zeigen. Das heißt nicht, dass Sie emotionslos reagieren sollen. Nein, Sie können Emotionen durchaus zeigen, allerdings sollten so genannte negative Emotionen wie Aggression, Ärger, Wut und Schmähung Ihres Gesprächspartners nur sehr begrenzt angewandt werden.

Positiv wird man es sehen, wenn Sie es verstehen, Ihrem Gesprächspartner zuzuhören und auf dessen Argumente einzugehen. Ihre Antworten sollten klar und verständlich sein, notfalls können Sie ein wichtiges Argument mit anderen Worten oder anhand eines Beispiels wiederholen.

Gesprächsziel: eine Lösung finden

Das Ziel Ihrer Gesprächsführung ist ein positiver Abschluss. Dazu ist es unerlässlich, dass Sie sich zunächst über den aktuellen Hintergrund des Gesprächs erkundigen. Es ist unklug, den Mitarbeiter in eine Abwehrstellung zu drängen, die kaum einen Lösungsweg bietet.
Fast alle Gesprächsthemen haben den einen oder anderen Zündstoff, den Sie möglichst geschickt meistern sollten. Oft wird die Möglichkeit einer positiven Einigung nicht wahrgenommen – einfach, weil die Fragestellung zu allgemein war und kein konkretes Ziel nannte. Vermeiden Sie solche Fehler, indem Sie von vornhe-

rein mit konkreten Fragen an das Thema herangehen. Eine gute Fragetechnik verhilft Ihnen zu Pluspunkten in diesem Rollenspiel. Vorsicht vor offenen Aggressionen Ihres Gesprächspartners. Es handelt sich in solchen Fällen um gezielte Provokationen, die testen sollen, wie Sie auf Stress reagieren. Versuchen Sie in jedem Fall, Ihren Partner wieder auf eine sachliche Ebene zu bringen, das garantiert Pluspunkte.

Fragen zur Gesprächsführung

Wenn Sie ein Gespräch diktieren, sollten Sie von vornherein bestimmte Szenen einplanen, die Ihnen helfen, das Gespräch zu strukturieren. Einige Anregungen erhalten Sie durch die nachfolgende Tabelle. Sie können die Liste noch mit eigenen Ideen ergänzen.

Liste zur Gesprächsführung – das sollten Sie beachten

Gesprächseinstieg

→ Versuchen Sie, die anfängliche Spannung abzubauen. Oft hilft ein kleiner Scherz.
→ Entkrampfen Sie das Gespräch, machen Sie eine allgemeine Bemerkung, erkundigen Sie sich zum Beispiel nach der Familie.
→ Machen Sie eine allgemeine Bemerkung über den Geschäftsgang.

Gesprächssteuerung

→ Erkundigen Sie sich nach der Arbeitszufriedenheit.
→ Welche Motive hat der Mitarbeiter, um bei Ihnen als Vorgesetztem vorzusprechen?
→ Was will der Mitarbeiter wirklich von Ihnen?
→ Wie sehen die wahren Gründe hinter dem Gesprächsthema aus?
→ Bleiben Sie in jedem Fall sachlich.

Suche nach einem Kompromiss

→ „Können wir das Problem gemeinsam in den Griff bekommen?"

→ „Was sollte sich Ihrer Meinung nach ändern?"

→ „Was meinen Sie dazu?"

→ „Was, glauben Sie, könnte man besser machen?"

→ „Wie wäre es mit folgendem Gedanken?"

Gesprächsabschluss

→ „Können wir für die Zukunft Folgendes vereinbaren ...?"

→ „Sind Sie damit einverstanden, dass wir zukünftig ...?"

Nicht empfehlenswert: Einschüchterung ...

Wenn Sie sich an diesen Gesprächsablauf halten, können Sie die gröbsten Fehler vermeiden. Oft ist es üblich, durch strammes Auftreten dem Mitarbeiter erst einmal einen kräftigen Schrecken einzujagen. Doch damit machen Sie sich im Rollenspiel nicht gerade beliebt. Vielmehr sollten Sie zunächst die Gründe für ein bestimmtes Verhalten erforschen und danach die eigenen Konsequenzen erarbeiten.

... und destruktive Kritik

Auch Kritik üben will gelernt sein. Es kommt auf konstruktive Kritik an. Wer meckert, erreicht das Klassenziel „Traumjob" nicht. Gefragt ist, die Motivation der Mitarbeiter zu verbessern und nicht deren Wut zu entfachen.

Besonders schädlich ist Kritik, wenn sie persönlich verletzend wirkt. Sätze wie die folgenden sollten Sie aus Ihrem Sprachschatz streichen, und zwar nicht nur, wenn Sie das Assessment-Center bestehen wollen.

→ „Lassen Sie das in Zukunft bleiben!"

→ „Sie sind auf Ihrem Gebiet eine absolute Null!"

→ „Mein lieber Meier, so geht das nicht weiter mit Ihnen."

→ „Habe ich denn nur Idioten um mich?"

Übungsaufgaben Rollenspiel

Damit Sie sich noch ein wenig in Rollenspiele einarbeiten können, finden Sie hier zwei typische Beispiele, die häufig in den Übungen verwendet werden.
Suchen Sie sich einen Übungspartner und spielen Sie die Szenen einfach durch:

Übungsaufgabe 1: Alkoholprobleme

Rollenspiel-Anweisung für den Vorgesetzten

Sie – Ihr Name ist Herr Schnell – sind in einem Unternehmen für Antennen und Satelliten-Empfangssysteme beschäftigt. In Ihrer Abteilung sind 20 Mitarbeiter und Mitarbeiterinnen. Die Arbeiten sind äußerst kompliziert, zum Teil müssen sie in Reinlufträumen durchgeführt werden. Neben einem hohen fachlichen Niveau müssen Ihre Mitarbeiter und Mitarbeiterinnen auch einen außergewöhnlichen Arbeitseinsatz zeigen und sich der Gruppendisziplin unterwerfen.
Sowohl Rauchen als auch Alkohol ist in Ihrer Abteilung strikt untersagt. Auf Grund der hohen Anforderungen sind Mitarbeiter nur sehr schwer zu finden. Zudem hat das ganze Personal Ihrer Abteilung eine Zusatzausbildung in Satellitentechnik durchlaufen. Der Verlust jedes Einzelnen stellt die ganze Firma vor hohe personelle und finanzielle Probleme. Entlassungen haben Sie persönlich mit zu verantworten.
Bei einem Gang durch die Abteilung entdecken Sie einen Ihrer Mitarbeiter – Herrn Emsig –, wie er im kleinen Kreis mit drei Kollegen aus Ihrer und aus der Nachbarabteilung eine Sektflasche leert.
Sie sind zunächst überrascht, sagen aber nichts, sondern bitten Herrn Emsig, morgen in Ihr Büro zu kommen.
Das Verhalten von Herrn Emsig verwundert Sie, denn dieser Mitarbeiter ist bisher nur positiv durch äußerste Disziplin und engagierten Arbeitseinsatz aufgefallen.

Umso härter trifft Sie die Entscheidung der Firmenleitung, dass jeder Mitarbeiter, der Alkohol im Betrieb zu sich nimmt, sofort entlassen werden soll. Sie haben diesen Beschluss selbst mitgetragen und in Ihrer Abteilung vor kurzem publik gemacht.
Bereiten Sie sich auf das Gespräch mit Herrn Emsig am nächsten Morgen vor.

Rollenspiel-Anweisung für den Assessor

Sie sind Herr Emsig und, wie der Name schon sagt, ein äußerst versessen arbeitender Angestellter in der Abteilung von Herrn Schnell.
Erst gestern haben Sie Ihr Diplom in Satellitenempfangstechnik bei einer Fernschule abgeschlossen. Sie dachten, dass dies ein Anlass zum Feiern ist. Deshalb haben Sie sich mit zwei Kollegen zusammengesetzt und eine Sektflasche geöffnet.
Sie kennen die Anweisungen bezüglich Alkohol und Rauchen, die Herr Schnell gegeben hat. Aber in diesem Fall dachten Sie, dass eine Ausnahme mehr als gerechtfertigt erscheint. Herr Schnell hat Sie beim Trinken erwischt und zu einem Gespräch in sein Büro gebeten. Bereiten Sie sich auf dieses Gespräch vor.

Gesprächsdauer: 20 Minuten.

Schlüsselfrage: Was dient dem Interesse des Unternehmens?

Achtung, bei diesem Rollenspiel kommt es darauf an, wie Sie in der Rolle des Vorgesetzten agieren. Sie müssen Kritik anbringen, das ist klar, denn Sie vertreten die Interessen der Firma.
Es ist sinnvoll, wenn Sie die Grundregeln der Kritik bei Mitarbeitergesprächen beherrschen. Erkundigen Sie sich zunächst nach dem genauen Sachverhalt des Fehlverhaltens. Kritikgespräche werden von Vorgesetzten nur sehr ungern geführt, aber wenn sie erforderlich sind, sollten sie nicht zögerlich, sondern möglichst selbstsicher erfolgen.

„Grundregeln" für Kritik-Gespräche

Allerdings müssen Kritikgespräche fair sein. Sie müssen genau den Sachverhalt abklären und dann eine Entscheidung fällen. Wird ein

Dritter in der Sache beschuldigt, so sollte auch er zunächst gehört werden.
Die Ergebnisse eines Kritikgesprächs sind nicht immer befriedigend. Mit ihnen ist kaum ein Blumentopf zu gewinnen. Sie sollten aber den Mitarbeiter nicht entmutigen oder demotivieren, sondern im Gegenteil die Kritik zu neuem Ansporn verwenden.

Übungsaufgabe 2: Leistungsabfall

Rollenspiel-Anweisung für den Vorgesetzten

Sie sind Erich Müller und seit 15 Jahren Abteilungsleiter in der Betriebsabrechnung für einen Teilbetrieb. Als Vorgesetzter sind Sie der Geschäftsleitung gegenüber für pünktliche Berichterstattung verantwortlich. Sie leiten die Erstellung des Budgets und führen Kalkulationen für größere Aufträge in Ihrer Abteilung durch.
Ein neuer Mitarbeiter, Herr Eßlinger, ist vor einem halben Jahr zu Ihnen gestoßen. Zunächst, in der Probezeit, hat er gute Leistungen gebracht, nun sind seine Leistungen aber zusehends schwächer geworden. Sie wissen nicht, woran das liegen könnte.
Für den folgenden Tag bestellen Sie Herrn Eßlinger zu sich ins Büro und bitten um ein Gespräch.

Rollenspiel-Anweisung für den Mitarbeiter

Sie sind Herr Eßlinger und arbeiten seit sechs Monaten in der Abteilung von Herrn Müller. Bisher waren Sie immer sehr einsatzfreudig, aber nun stören massive persönliche Probleme Ihren Arbeitswillen.
Sie haben bemerkt, dass Ihre Frau einen jüngeren Liebhaber hat und sich in absehbarer Zeit scheiden lassen will.
Neben psychosomatisch bedingten Störungen, wie Appetitlosigkeit, Schlaflosigkeit und Migräne, flüchten Sie sich immer häufiger in den Alkoholkonsum. Sie wissen selbst, dass das keine Lösung ist, trotzdem sehen Sie Ihre derzeitige Situation als so auswegslos, dass Sie kaum noch zu motivieren sind.

Die Bestellung in das Büro von Herrn Müller ist nur ein Glied in einer langen Reihe von Erniedrigungen und „Unglücksfällen", die in der letzten Zeit über Sie hereingebrochen sind.
Besprechen Sie Ihre Situation mit Herrn Müller.

Gesprächsdauer: 20 Minuten.

Vorgesetzte müssen sich auch persönlichen Faktoren stellen

Eine besondere Kategorie von Gesprächen sind diejenigen, die soziale Bereiche aller Art berühren. Vorgesetzte tun sich da besonders schwer, da sie zu Recht darauf hinweisen, dass sie keine Psychologen sind und ihnen eigentlich die fachlichen Voraussetzungen für ein solches Gespräch fehlen.
Trotzdem müssen Sie sich als Vorgesetzter immer wieder diesen Gesprächen stellen. Versuchen Sie, neben beruflichen, konkreten Informationen auch „weiche" Informationen über Ihre Mitarbeiter zu erfahren. Oft genügt schon ein gewisser Grad an Empathie bzw. Einfühlungsvermögen, um zu einer Lösung zu kommen.

Checkliste für das Rollenspiel

- → Lesen Sie zunächst die Rollenspiel-Anweisung genau durch.
- → Am sinnvollsten ist es, jede Rolle mit Fragen zu beginnen. Anweisungen oder Anordnungen sind sinnlos, außerdem können sie falsch sein.
- → Nach einer gemeinsamen Stellungnahme versuchen Sie, zur Ursache des Problems vorzustoßen.
- → Verbesserungen sollten nach und nach angestrebt werden.
- → Ein gemeinsames Vertrauensverhältnis ist wichtig.
- → Verbesserungsvorschläge müssen nicht unbedingt von Ihnen alleine kommen.
- → Zum Abschluss des Gesprächs fassen Sie Ihre Empfehlungen mündlich oder schriftlich zusammen.
- → Legen Sie zugleich fest, wann und wie eine erfolgreiche Veränderung überprüft werden muss.

Videosimulation

Die Verwendung von Videofilmen als Alternative zum Rollenspiel ist eine erst in letzter Zeit aufgegriffene Idee, um die kostspielige Zweierrelation im Rollenspiel zu umgehen.

CBT als Alternative zum herkömmlichen Rollenspiel

Videosequenzen können preisgünstig von Verlagen angefordert werden. Unter dem Stichwort „CBT" (Computer Based Training) haben Trainer bzw. Assessoren die Möglichkeit, sich Bild und Textinformationen preiswert selbst zusammenzustellen. Auch ohne größere Programmierkenntnisse werden Handlungssequenzen und Rollenspiel-Szenen zusammengestellt, um später von Ihnen beurteilt zu werden.

Allerdings geschieht der Einsatz von Videosimulationen im Assessment-Center noch recht zaghaft. Immerhin ist abzusehen, dass dieser Ansatz zukünftig mehr und mehr an Bedeutung gewinnen wird. Neue Impulse kommen aus der Forschung und aus dem Trainingsbereich.

Die Realisierungsmöglichkeiten der Videosimulation werden zurzeit in zweierlei Richtungen gesehen:

Darbietung verschiedener Videoszenen und deren Einschätzung anhand von Alternativen

Konfliktsituationen im Betrieb

In diesem Fall können verschiedene alltägliche Konfliktsituationen im Betrieb dargestellt werden. Ein Meister, der streng mit einem Lehrling umspringt, ein Abteilungsleiter, der einen Sachbearbeiter zusammenstaucht, oder eine Personalchefin, die einen Mitarbeiter einstellt. Die Videos können einer großen Gruppe von Bewerbern gleichzeitig vorgeführt werden. Damit entfallen viele Zweiergespräche, die das Assessment-Center teuer machen.

Antworten können entweder schriftlich gegeben werden oder man stellt verschiedene Videosequenzen als Lösung vor. Die Bewerber können dann jeweils eine Szene auswählen, und zwar die, die am besten zu ihrem persönlichen Verhalten passt. Zusätzliche schriftliche Kommentare werden hinterher ausgewertet.

Kommunikation mit Kunden

Weiterhin können zum Beispiel verschiedene typische Interaktionen zwischen einem Mitarbeiter und einem Kunden eingespielt werden, die an dem entsprechenden Arbeitsplatz vorkommen. Das gilt vor allem für Arbeitsplätze im Außendienst und mit Publikumsverkehr. Zu jeder der kurzen Szenen werden zwei oder drei Lösungsalternativen angeboten. Sie als Bewerber oder Bewerberin wählen die beste Alternative aus. Zur Auswertung erhalten die Assessoren einen Bewertungsbogen.

Die direkte Beurteilung von Videoszenen

Sind Sie zum Beispiel als Führungskraft vorgesehen, zu deren wesentlichen Aufgaben die Personalbeurteilung gehört, so müssen Sie damit rechnen, dass Ihnen verschiedene Szenen aus dem Personalbereich des Betriebes gezeigt werden.

Einschätzung von Mitarbeitern

Eine Videoszene zeigt zum Beispiel einen Außendienstmitarbeiter in einem Kundengespräch. Ihre Aufgabe wird sein, die Einwandbehandlung des Mitarbeiters einzuschätzen bzw. dessen allgemeine Eignung als Außendienstler. Da es zu den wichtigsten Aufgaben eines Regional- oder Vertriebsleiters gehört, die Mitarbeiter zu betreuen und zu fördern, wird man Ihre Fähigkeit, andere zu beurteilen, als besonders wichtig einstufen.

Mehrere Verkaufsgespräche, ausgeführt von verschiedenen Mitarbeitern, müssen von Ihnen schriftlich oder mündlich beurteilt werden. Sie sollten die Plus- oder Minuspunkte eines Mitarbeiters herausarbeiten können.

Natürlich wird man versuchen herauszufinden, inwieweit es Ihnen möglich ist, Mitarbeiter in unterschiedlichen sozialen Situationen zu beurteilen und differenziert zu bewerten.

Gruppendiskussion

Der Test für Teamfähigkeit

Gruppendiskussionen bilden einen weiteren Mittelpunkt jedes Assessment-Centers. Sie sollen zeigen, inwieweit es Ihnen möglich ist, sich in Teamarbeit einzubringen und sich in eine Gruppe einzufügen. Gleichzeitig werden Ihr Wille zur Selbstbehauptung und Ihre Sprach- bzw. Kommunikationsbegabung getestet. In der Gruppendiskussion werden Sie aufgefordert, ein bestimmtes Thema zu behandeln, wobei Ihnen die Strukturierung der Diskussion selbst überlassen bleibt.

In jedem Assessment-Center finden Sie heute zwei oder drei Gruppendiskussionen zu unterschiedlichen Themen. Dabei ist keineswegs die Gruppendiskussion die vorherrschende Arbeitsmethodik in der deutschen Wirtschaft bzw. Industrie.

Werden Gruppendiskussionen überbewertet?

Das Thema muss daraufhin überprüft werden, inwieweit es auf die ausgeschriebene Position passt. Handelt es sich um Führungs- oder Expertentätigkeit? Die Zusammenarbeit im Team, das Führen von Arbeitsgruppen und die Besprechung von Einsätzen sind wichtige Führungstätigkeiten. Andererseits kommen solche Aktivitäten aber nicht so häufig vor, wie das dem Stellenwert im Assessment-Center heute entspricht. Tatsächlich gehört es heute eher zum typischen Arbeitsalltag, am Telefon zu verhandeln, kurze Rücksprachen zu nehmen und Entscheidungen zu treffen.

So betrachtet stellt sich die Frage nach dem Rang einer Gruppendiskussion eigentlich immer wieder neu. Dasselbe gilt grundsätzlich auch bei der Themenauswahl. Welche Inhalte sind in diesem Arbeitsbereich wichtig? Was muss diskutiert werden?

Trotz dieser Vorbehalte scheint ein Argument zu überwiegen: das günstige Preis-Leistungs-Verhältnis der Gruppengespräche. Schon nach weniger als einer Beobachtungsstunde lassen sich konkrete Rückschlüsse über die Kommunikationsfähigkeit der einzelnen Teilnehmer ziehen. Ein Beurteilungsschema für die Gruppendiskussion finden Sie auf der folgenden Seite:

Gruppendiskussion – Beurteilungsschema

Teilnehmernummer:

Das Verhalten in der Gruppe ist	eher konstruktiv	6......... 5 ....4......... 3..........2......... 1	destruktiv
Der Teilnehmer reagiert	eher aggressiv	6......... 5 ....4......... 3..........2......... 1	integrativ
Er kann sich gegenüber anderen	eher durchsetzen	6......... 5 ....4......... 3..........2......... 1	nicht durch-setzen
Die nonverbale Kommunikation ist	eher ausgereift	6......... 5 ....4......... 3..........2......... 1	verdeckt
Der Teilnehmer findet passende Argumente	eher leicht	6......... 5 ....4......... 3..........2......... 1	schwerfällig
Kann der Teilnehmer andere überzeugen?	eher leicht	6......... 5 ....4......... 3..........2......... 1	gar nicht
Der Teilnehmer kann flexibel und aktiv zuhören	eher souverän	6......... 5 ....4......... 3..........2......... 1	gar nicht
Der Teilnehmer kann das Gespräch lenken	eher souverän	6......... 5 ....4......... 3..........2......... 1	gar nicht
Die Fragetechnik desTeilnehmers ist	eher ausgereift	6......... 5 ....4......... 3..........2......... 1	rudimentär
Suggestivfragen werden vom Teilnehmer gestellt	eher spärlich	6......... 5 ....4......... 3..........2......... 1	häufig

Zählen Sie die angekreuzten Punkte zusammen:

Summe: __________

Standardthemen sind „out"

Heute wird im Gegensatz zu früher auf bekannte Diskussionsvorgaben verzichtet. Zu oft wurde die „Nasa-Übung" etwa bereits veröffentlicht, ebenso das „Gefangenen-Dilemma" oder andere bekannte klassische Diskussionsübungen. Die Themen werden heute häufig direkt aus dem Alltag gegriffen.

Auch Diskussionen sind trainierbar

Psychologische Forschungen konnten bereits Ende der 70er Jahre nachweisen, dass für Gruppendiskussionen ein doppelter Trainingseffekt besteht. Zum einen dadurch, dass die Zielrichtung einer Gruppendiskussion genauestens kopiert werden kann und vorbereitete Kandidaten so deutlich besser abschneiden als unvorbereitete. Zum anderen sind auch Diskussionsinhalte erlernbar. Wer einmal eine Gruppendiskussion zu einem bestimmten Thema mit anderen Teilnehmern geführt hat, kennt die Argumente. Für ihn ist es ein Leichtes, stichhaltige Punkte zu präsentieren, um damit die Gruppe bzw. die Assessoren zu beeindrucken. Nun, so weit haben sich die Forschungsergebnisse allerdings noch nicht durchgesetzt. Gruppendiskussionen sind beliebter denn je.

Für Sie kann dieses Ergebnis natürlich nur positiv sein. Besitzen Sie nicht jetzt eine reelle Trainingschance? In dem oben aufgeführten Beurteilungsbogen sehen Sie genau, worauf es in der Gruppendiskussion ankommt. Wir sollten gemeinsam die einzelnen Punkte durchgehen. Wann wird eine Wertung positiv ausfallen und was sollten Sie unterlassen, um nicht allzu schlecht abzuschneiden?

Ihr Verhalten in der Gruppe

Wenn Ihr Verhalten in der Gruppe beurteilt wird, dann vermutlich nach Gesichtspunkten, die Ihnen nicht unbedingt geläufig sind. Nicht immer gewinnt derjenige die meisten Punkte, der die Ellbogen am rücksichtslosesten verwendet, sondern meistens derjenige, der konstruktiv mit anderen zusammenarbeiten kann.

Nach manchen Gruppengesprächen müssen Sie entscheiden, mit welchem Partner Sie am liebsten zusammenarbeiten würden. Dadurch soll ein Soziogramm der Gruppe erstellt werden.
Fragen dieser Art sind bei den Teilnehmern nicht gerade beliebt, denn keiner möchte den anderen schlecht beurteilen, aber auch nicht unbedingt besser als sich selbst.

Fragen, mit denen Gruppenbeziehungen ermittelt werden

Da das Soziogramm trotzdem einen sehr großen Wert für die Beurteilung der natürlichen Führungsfähigkeit bietet, verzichten die Arbeitgeber ungern darauf. Die Fragen nach Sympathie oder Antipathie werden viel versteckter gestellt. Zum Beispiel verschleiern die Fragen das eigentliche Ziel zunächst.
Fragen wie „Haben Sie sich während der Diskussionsrunde wohl gefühlt?“ bilden häufig die Einleitung. Nach weiteren unverfänglichen Zwischenfragen kommen die Assessoren dann zur Sache: „Mit welchem Teilnehmer würden Sie heute Abend gerne ein Bier trinken?“ Oder: „Welcher Teilnehmer käme dazu überhaupt nicht in Frage?“
Es gibt aber auch direkte Fragen wie: „Wer hat Ihrer Meinung nach am fairsten diskutiert?“ „Bei welchem Teilnehmer hatten Sie den Eindruck, eine natürliche Führungspersönlichkeit vor sich zu haben?“ „Welcher Teilnehmer hat sich Ihrer Meinung nach am destruktivsten verhalten?“ „Mit welchem Teilnehmer könnten Sie gar nicht zusammenarbeiten?“
Mithilfe dieser Fragen lässt sich ein Soziogramm bilden, das die Gruppenstrukturen der Diskussionsrunde genau abbildet.
In dem nachfolgend dargestellten Soziogramm ist Erich der positive Star und Horst der negative. Letzterer wird neben Helmut am meisten abgelehnt. Die beiden negativen Stars Horst und Helmut verstärken sich gegenseitig, indem sie sich positiv wählen. Sie bilden eine Untergruppe von zwei Störern in der Diskussion. Renate hingegen ist isoliert. Sie wurde in der Gruppendiskussion gar nicht wahrgenommen.

Soziogramm einer Diskussionsgruppe

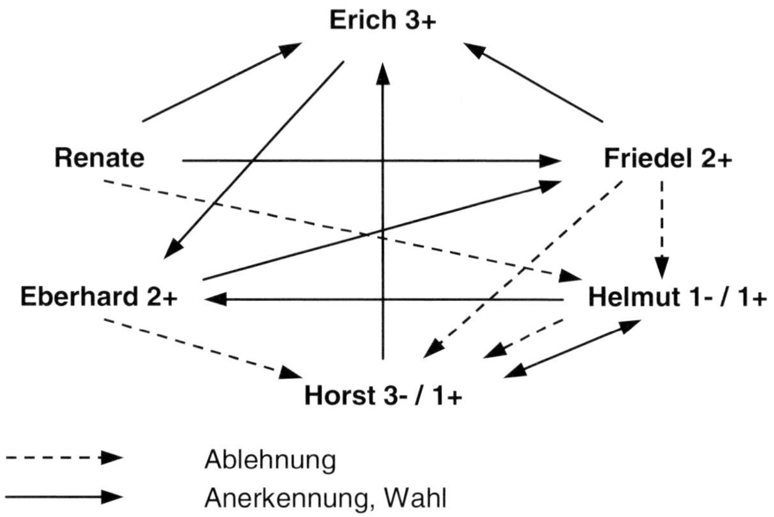

Die „Lesart" des Soziogramms

Aus dem Soziogramm geht hervor, dass Erich wohl das Gespräch geleitet hat, dass er mehr oder weniger eine Führungskraft sein müsste. Es ist nicht klar, ob er auch am meisten geredet hat. Möglicherweise haben Horst und Helmut die ganze Diskussion an sich gerissen, sich gegenseitig die Bälle zugeworfen und die anderen kaum zu Wort kommen lassen. Deutlich kann man auch aus dem Diagramm ersehen, dass sich Renate gar nicht oder nur unwesentlich am Gespräch beteiligt hat. Eher neutrale Rollen müssen Friedel und Eberhard eingeräumt werden.

Bewertungskriterien

Es gibt aber noch andere Wege, die Kommunikation in der Gruppe auszuwerten. Da können zum Beispiel Ranglisten aufgestellt werden, in die die Beobachter eintragen, wie oft sich jemand zu Wort gemeldet hat und wie lange die Rededauer war. Damit kommen Vielredner gut heraus. Wer anderen das Wort häufig wegnimmt und damit Ellbogen zeigt, würde vermutlich auf dieser Liste gut abschneiden.

Anders hingegen würde eine Liste aussehen, wenn es darauf ankommt, wie häufig jedes Gruppenmitglied von den anderen Teil-

nehmern angesprochen wird. Dann würde derjenige Teilnehmer die beste Wertung erhalten, dessen Fachwissen oder Meinung am häufigsten von den anderen erfragt wird.
Ob die Gruppenmitglieder diese Meinung nun als positiv oder negativ empfinden, wird bei dieser Betrachtungsweise nicht berücksichtigt. Diese Aussage macht nur das Soziogramm.
Was wird nun am stärksten bewertet? Erstaunlicherweise ist es oft nicht der ausgewogene Fachvortrag, der positiv bewertet wird, sondern die Art und Weise, in der Sie Ihre Argumente vortragen und vertreten. Emotional und mit Sachverstand gehaltene Vorträge finden die größte Anerkennung. Manchmal werden Sie gebeten, Ihre Meinung zu einem Thema vorher schriftlich festzuhalten. Nach der Gruppendiskussion kann man dann vergleichen, inwieweit Sie Ihre Meinung geändert haben.
In einer schriftlichen Stellungnahme beurteilen die Assessoren, wie Sie Ihren Standpunkt durchgesetzt haben, ob es Ihnen möglich war, andere Meinungen anzuerkennen, wie Sie mit Aggressionen umgehen, ob Sie Aggressionen erzeugt haben oder selbst im Gespräch einsetzten.

Alle diese Eigenschaften lassen sich trainieren. Wenn Sie noch keine Erfahrungen mit Gruppendiskussionen haben, sollten Sie ein Rednerseminar belegen. Sie können lernen, wie man gewissenhaft an ein Problem herangeht und dieses gründlich und mit Sachverstand diskutiert. Auch mit dem Problem des Zeitdrucks lässt sich umgehen, wenn man die Grundregeln begriffen hat.

Diskussionsverhalten

Wie realistisch sind Gruppendiskussionen?

Zweifellos ist das Verhalten in der Diskussionsrunde eine wichtige Grundlage für die Beurteilung. Zu den Aufgaben einer Führungskraft gehört nun mal die Überzeugung und Führung von Mitarbeitern. Im Berufsalltag treten Probleme allerdings nie so geballt auf wie im Assessment-Center. Möglichweise sind die Sachverhalte auch weniger komplex als diejenigen, die im Assessment-Center ausgesucht werden. Trotzdem soll an diesen Aufgaben Ihr Führungsverhalten eingeschätzt werden.

Die Chance des Scheiterns ist groß. So kann es Ihnen beispielsweise passieren, dass Ihnen in der Diskussion einfach keine weiteren Argumente einfallen. Wenn alles gesagt ist, könnten Sie das Vorgetragene einfach nur wiederholen und damit riskieren, als Vielschwätzer eingestuft zu werden.

Positiv: aktiv und kompromissbereit sein

Tatsächlich geht es aber den Assessoren einfach darum, Sie aktiv zu sehen. Nur im Extremfall werden Ihre Beiträge inhaltlich gewertet. Wer also gewohnt ist, lange zu analysieren, um dann fundiert seine Meinung zu äußern, kommt im Assessment-Center zu kurz.

Kompromissbereitschaft ist ebenfalls eine herausragende Eigenschaft, die Sie im Assessment-Center zeigen sollten (auch wenn Sie von Ihrer Position vollkommen überzeugt sind). Schließlich ist das Assessment-Center eine Laborsituation. Im Gegensatz zum wirklichen Leben haben Sie die Konsequenzen im Assessment-Center nicht zu tragen, es ist nicht wichtig, ob Sie ein Problem lösen oder nicht.

Diskussion ohne Leiter

Wer wird „Meinungsführer"?

Nicht immer wird in der Gesprächsgruppe ein Diskussionsleiter bestimmt, vielmehr ist die führerlose Gruppendiskussion eine häufige Variante. Dabei wird den Teilnehmern ein Thema gestellt, die Diskussionsgruppe muss sich selbst organisieren. In der Dynamik der Situation wird der eine oder andere Teilnehmer stärker werden und so den Kreis dominieren. Auf diese Weise kristallisiert sich ein Meinungsführer heraus.

In einer weiteren Variante der Gruppendiskussion wird die Rolle des Moderators alle zehn Minuten gewechselt. Dabei ist ein etwas größerer organisatorischer Aufwand notwendig. Im Endeffekt wird jeder Teilnehmer in eine führende Rolle gezwungen.

Generell lässt sich für das Gruppengespräch sagen, dass Sie einige bestimmte Eigenschaften demonstrieren sollten, um möglichst gut abzuschneiden. Sehen Sie sich dazu noch einmal das Beurteilungsschema an. Positiv gewertet werden dort vor allem:

→ konstruktives und integratives Verhalten
→ Durchsetzungsvermögen (aber nicht um jeden Preis)
→ Kommunikationsfähigkeit (verbal und nonverbal)
→ Flexibilität
→ aktives Zuhören

Versuchen Sie, diese Fähigkeiten zu trainieren und im Ernstfall anzuwenden. Je mehr Sie Ihnen „in Fleisch und Blut" übergegangen sind, desto mehr Erfolg werden Sie (nicht nur im Assessment-Center) haben.

Präsentation

Präsentation – was erwartet Sie?

Die Präsentationsübung stellt Sie vor die Aufgabe, vorgegebenes Material zu sondieren, auf ein bestimmtes Thema hin auszuarbeiten und dann vor der Gruppe vorzutragen. Behilflich sind Ihnen dabei Ihre organisatorisch-analytischen Fähigkeiten einerseits und sprachliche Gewandtheit bzw. Sicherheit beim Auftritt vor der Gruppe andererseits.

Standard-Übung im AC

Neben der im vorigen Kapitel geschilderten Diskussionsgruppe und der Postkorb-Übung gehört die Präsentation zu den am häufigsten vertretenen Übungen im Assessment-Center.

Realitätsnähe?

Ganz ähnlich wie bei der Gruppendiskussion stellt sich auch hier die Frage, ob in unseren Unternehmen überdurchschnittlich viel vorgetragen wird. Zunächst, wie bei allen Übungen des Assessment-Centers, muss auch hier geprüft werden, in welcher Form die Präsentation an dem ausgeschriebenen Arbeitsplatz geleistet werden muss. Dazu kommen noch ganz bestimmte Anforderungen an die Präsentation. Ist diese vor Gesellschaftern, Gewerkschaftlern, Mitarbeitern oder Kunden zu machen?

Wie bei allen anderen sprachlichen Übungen im Assessment-Center sind auch hier redegewandte Bewerber im Vorteil.

Beurteilungskriterium?

Ein Nachteil zeigt sich in der Präsentationsübung: Sie ist nur sehr schwer zu bewerten. Wie sollen etwa unterschiedliche Interpretationen der Aufgabenstellung beurteilt werden oder eine mehr oder weniger ausgefeilte Vortragstechnik? Inwieweit wird bei einem redegewandten Teilnehmer das tatsächlich vorhandene Material gemessen und nicht etwa nur die Routine in den Präsentationstechniken?

Übungsvarianten

Präsentationen lassen sich in verschiedenen Varianten durchführen, etwa in Verbindung mit der Gruppendiskussion, als Einzelvorträge oder als das Ergebnis einer Fallstudie. Um die ganze Präsentation nicht als Einbahnstraße durchzuführen, können Rückfragen erlaubt sein oder es kann sich ein Diskussionsforum mit den übrigen Teilnehmern anschließen. Zusätzlich zum eigentlichen Vortrag lassen sich so noch Einwandbehandlung, Überzeugungsarbeit oder Moderation von Gruppen prüfen. Oft sind gerade diese Formen der Präsentation um vieles brauchbarer als der Einzelvortrag.

Eine weitere Möglichkeit erschließt sich in Verbindung mit Rollenspiel und Präsentation. Daran könnte sich eine Diskussionsrunde anschließen.

Probleme aus der Praxis

Stress durch Zeitdruck

In den vorliegenden Fallstudien müssen Sie sich als Kandidat durch einen mehr oder weniger großen Berg von Informationen durcharbeiten. Sie werden mit einer Fülle von Datenmaterial eingedeckt, aus dem Sie das Wichtigste in der knapp bemessenen

Vorbereitungszeit herausholen sollen. Durch diesen oft beabsichtigten Zeitdruck wird Stress erzeugt. Damit ist es wiederum möglich, Ihre Arbeitsdisziplin unter Stress zu erforschen.
In der Praxis des Assessment-Centers gibt es tatsächlich für einige der gestellten Aufgaben Ideallösungen. Erst mithilfe dieser Lösungen lässt sich im Nachhinein feststellen, wie weit der Bewerber sich dem Ideal annähern konnte. Das verbessert erheblich die Möglichkeit, die Leistungen der einzelnen Bewerber zu vergleichen und diese in eine Rangfolge zu bringen.

Geheimhaltung der Aufgaben

Ist eine Lösung der Aufgabe jedoch schon vorher einem Bewerber bekannt, so lässt sich seine Präsentation eigentlich gar nicht mehr mit denen der übrigen vergleichen. Es ist nicht mehr nachzuweisen, ob der vorgeschlagene Lösungsweg aus den Unterlagen gefunden wurde oder auf Grund einiger Vorausinformationen. Es ist deshalb verständlich, dass alle Veranstalter sowohl Aufgaben als auch Lösungen wie ein Geheimnis hüten.

Themen der Präsentationsübung

Welche Themen eignen sich für Präsentationsübungen? Es ist sicher so, dass viele Themen aus der Praxis des jeweiligen Arbeitgebers stammen. Das sind dann Aufgaben, die Sie als Bewerber am Arbeitsplatz bewältigen müssten. So kann es um eine Betriebsumstellung, Sanierung, Verlegung, um einen Sozialplan oder um Arbeitszeitverkürzungen gehen. Beliebte Themen sind auch die Erschließung neuer Märkte, Marketingstrategien oder die Entwicklung umweltfreundlicher Produkte bzw. Produktionsweisen.

Abstimmung der Themen auf die jeweilige Position

Im Allgemeinen hängen die Themen recht eng mit der ausgeschriebenen Position zusammen. Geht es zum Beispiel um den Außendienst, so müssen Sie vor den „Außendienstmitarbeitern" ein Referat halten. Peilt Ihre Bewerbung den Vorstandsposten an, dann wird es der „Aufsichtsrat" sein, der Ihnen zuhört.

Wie viel Vorbereitungszeit?

Bei der Vorbereitungszeit scheiden sich die Geister. Einige Veranstalter geben die Unterlagen der Präsentationsübung zur Vorbe-

reitung mit nach Hause bzw. ins Hotel. Sie als Teilnehmer haben dann ausreichend Zeit, sich mit den Unterlagen sorgfältig auseinander zu setzen. Andere Veranstalter hingegen drängen auf eine möglichst kurze Vorbereitung, die den Rahmen von ein bis zwei Stunden nicht übersteigen sollte. Es versteht sich beinahe von selbst, dass Themen des ersten Typs weitaus komplexer und schwieriger sind als die der zweiten Art.
Auch wenn sich konkrete Themen nicht unbedingt benennen lassen, so finden sich doch immer wieder einige allgemeingültige Themen, die sich auf die eine oder andere Art vorbereiten lassen.

z.B

Themen der Präsentationsübung

Themen allgemeiner Art

Vorbereitungszeit ca. 15 bis 20 Minuten,
Redezeit ca. 5 bis 10 Minuten (ohne Diskussion)

→ Motivation
→ Umweltschutz im Unternehmen
→ Einsatz neuer Technologien
→ Industriestandort Deutschland
→ Sind unsere Produkte zu teuer?

Spezielle Themen

Vorbereitungszeit ca. 1 bis 2 Stunden,
Redezeit ca. 10 bis 15 Minuten (ohne Diskussion)

→ Erfolgreiche Marketingstrategien für das XY-Produkt
→ Der Point of Sale, wie kann man ihn optimieren?
→ Wettbewerbsstrategien im Außendienst
→ Budgetplanung für das kommende Halbjahr
→ Incentives richtig anwenden
→ Umwelt- und Kultursponsoring als Alternative zu teuren Werbekampagnen

Solche Aufgabenstellungen gibt es immer wieder. Wenn Sie sich schon vorher auf mögliche Themen vorbereitet haben, dann verringert sich Ihr Stressniveau erheblich. Üben Sie, wie man Referate und Vorträge hält, denn 90 Prozent eines guten Vortrags sind Übungssache und Routine.

So werden Sie beurteilt

Mögliche Beurteilungssysteme

Spätestens nach der Themenstellung fragt man sich, wie die einzelnen Präsentationen bewertet werden. In der Praxis gibt es fünf verschiedene Beurteilungssysteme, die sich mit den Stichworten **Polaritätenprofil, Verhaltensbeschreibung, integriertes Beurteilungssystem, übungsorientierte Beobachtung** und **Beobachtung von Bewältigungsstrategien** beschreiben lassen. Das am häufigsten verwendete Beurteilungssystem ist das Polaritätenprofil.

Das Polaritätenprofil liegt in verschiedenen Variationen vor. Das hier gezeigte stellt fünf einzelne Ausprägungen als Statements vor, die von den Assessoren am Schluss des Referats anzukreuzen sind. Ein Urteil, in dem die einzelnen Unterpunkte zusammengefasst sind, findet dann Eingang in die Gesamtwertung des Assessment-Centers.

Die Einzelwertung von eins bis sechs lässt den Beobachtern einen genügend großen Entscheidungsspielraum, so dass letztendlich eine brauchbare Rangreihe unter den Teilnehmern hergestellt werden kann.

Das Polaritätenprofil

Präsentationsübung: Umwelt
Name: ....
Dauer des Referats ca. 5 Minuten.
Beobachtetes Merkmal .... Ausprägung ....

	Stimmt gar nicht					Stimmt vollkommen
Der Teilnehmer hat das Material geordnet und ließ einen logischen Aufbau des Referats erkennen.	1	2	3	4	5	6
Der Teilnehmer hat den Vortrag in klar erkennbare Abschnitte gegliedert.	1	2	3	4	5	6
Der Teilnehmer macht konkrete Vorschläge zur Ziellerreichung.	1	2	3	4	5	6
Der mündliche Vortrag des Teilnehmers ist gut.	1	2	3	4	5	6
Die optische Präsentation des Teilnehmers ist gut.	1	2	3	4	5	6

Gesamturteil:

30 Punkte: Weit überdurchschnittliche Leistung. Der Teilnehmer liegt über der zur Positionserfüllung nötigen Punktzahl.

25 Punkte: Überdurchschnittliche Leistung. Der Teilnehmer übersteigt generell die zur Positionserfüllung notwendige Qualifikation.

20 Punkte: Durchschnittliche Leistung. Der Teilnehmer entspricht den geforderten Leistungen qualitativ und quantitativ.

15 Punkte: Unterdurchschnittliche Leistung. Der Teilnehmer erfüllt in wesentlichen Bereichen nicht die an die Position gestellten Anforderungen.

10 Punkte: Die gezeigten Leistungen entsprechen in keiner Weise den Erwartungen.

Die Auswertung

Polaritätenprofile sind leicht zu konstruieren und können in vielen Fällen direkt aus der Fachliteratur entnommen werden. Sie lassen sich leicht statistisch auswerten. Die Erfassungsbögen sind einfach und werden nicht mit allzu viel Text überfrachtet. Wenn die einzelnen Kategorien klar unter den Beobachtern abgesprochen sind, dann schleichen sich zumeist keine großen Fehler ein.

Beobachtungsfehler

Allerdings verstehen nicht alle Beobachter unter der jeweiligen Formulierung dasselbe. Besonders häufig sind Beobachtungsfehler bei Anfängern und wenig erfahrenen Assessoren. Der Willkür sind dann Tür und Tor geöffnet.

Tipps für den Vortrag

Ihr Auftreten vor der Gruppe wird ein wesentlicher Bestandteil der Beurteilung sein. Versuchen Sie, Routine zu bekommen, indem Sie zu Hause der Familie oder Freunden eigene Vorträge halten. Die freie Rede ist die Quintessenz jedes Vortrags. Je besser Sie frei reden können, desto besser kommt Ihre Botschaft an.

Medieneinsatz

Um den Vortrag besser zu strukturieren, empfiehlt es sich, die Leitsätze oder wichtigen Statements auf dem Overheadprojektor zu notieren oder auf ein Flipchart zu schreiben. Diese Hilfsmittel sind in der Regel vorhanden. Falls nicht, erwähnen Sie wie beiläufig, dass Sie dies tun würden, sofern die entsprechenden technischen Voraussetzungen vorhanden wären.

Kernaussagen

Gute Redner konzentrieren sich auf klare Kernsätze. Machen Sie Ihre Aussagen so deutlich wie möglich. Nebensätze sind oft verwirrend und kommen bei den Zuhörern nicht an.

Veranschaulichung

Man gestaltet einen Vortrag lebendiger, indem man eigene Erlebnisse, Beispiele oder Bilder verwendet. Beginnen Sie beispielsweise mit einem Witz. Grafiken sind ebenfalls eine häufig verwendete Gedächtnisstütze. Vergleiche oder Analogien können mehr aussagen als Argumente. Fesseln Sie die Aufmerksamkeit Ihrer Zuhörer mit deutlichen Aussagen. Ein Bild sagt oft mehr als Worte. Allerdings sollten Sie des Guten nicht zu viel tun. Wer mit einem Stoß

Dias ankommt und diese Schlag auf Schlag abarbeitet, handelt sich keine Sympathien ein, sondern Ablehnung und Langeweile.
Achten Sie darauf, Zusammenhänge aufzuzeigen. Machen Sie Querverweise zu anderen Themen.

Farben und grafische Mittel

Wenn es möglich ist, sollten Sie Farben einsetzen. Sie gewinnen damit eine weitere Dimension. Pfeile, Kreise und Linien prägen sich leichter ein als ein ununterbrochener Text. Letzterer sollte übrigens so selten wie möglich auf dem Flipchart auftauchen, er verbraucht zu viel Zeit und bringt zu wenig Information. Beschränken Sie sich bei der Visualisierung Ihres Textes auf Schlagwörter, Grafiken und auf Bilder.

Checkliste für die Präsentation

→ Lesen Sie zunächst sehr sorgfältig die Themenstellung der Präsentation durch und streichen Sie wichtige Punkte an.
→ Ordnen Sie alles Material und bringen Sie es in eine sinnvolle Rangfolge nach den vorgegebenen Kriterien.
→ Stellen Sie Gemeinsamkeiten zwischen verschiedenen Sachverhalten heraus.
→ Versuchen Sie, Ihre Präsentation mit Grafiken und Bildern aufzulockern.
→ Wenn Flipchart oder Overheadprojektor vorhanden sind, verwenden Sie diese.
→ Bei Redehemmung machen Sie eine kleine Pause, um dann langsam im Text fortzufahren.
→ Sofern die Möglichkeit besteht, Farben einzusetzen, tun Sie das.

Interview

Interview – was erwartet Sie?

Als fester Bestandteil des Assessment-Centers schließt sich das Interview an. Es gibt kaum Assessoren, die sich die Gelegenheit entgehen lassen, noch einen persönlichen Eindruck von jedem Kandidaten zu gewinnen.

Dem Bewerber „auf den Zahn fühlen"

Beim Interview geht es darum, die formalen Anforderungen der Position an den Bewerber zu erfassen. Informationen wie überdurchschnittlicher Studienabschluss, Beherrschung von Englisch und einer weiteren Fremdsprache, Auslandserfahrung, Lebenslauf und Berufserfahrungen werden hier abgefragt.

Beim Interview, das ähnlich wie ein Vorstellungsgespräch abläuft, sitzen dem Teilnehmer zwei bis drei Assessoren gegenüber. Es dauert zwischen 20 und 40 Minuten.

Wer hat die besten Chancen?

Sind es nun immer die besten Absolventen, die für das Interview interessant sind? Vielleicht die mit MBA, einem Doppelstudium oder mit Promotion? Nein, das Resultat des Assessment-Centers ist gefragt. Sicher benötigt ein Unternehmen in manchen Bereichen solche Superstars. In den Bereichen Forschung und Entwicklung sind beispielsweise Leute mit Promotion gesucht, die auf einem bestimmten Gebiet gearbeitet haben. Das Interview dient dazu, solche Leute zu finden.

Für die Produktion hingegen spielt so etwas kaum eine Rolle, dort werden Mitarbeiter mit einem technischen Hintergrund gesucht. Ja, eine Promotion kann in der Produktion und im Vertrieb eher nachteilig sein. Im Kundenkontakt wirkt ein Titel manchmal exotisch und irritierend.

Die ideale Zielperson, die beim Interview herausgefiltert werden soll, ist gut und hoch motiviert. Die Selektionsstufen vor dem Interview ergeben sich logischerweise aus dem bereits absolvierten Teil des Assessment-Centers. Doch genau genommen beginnt die

Auswahl weitaus früher. Schon die schriftliche Bewerbung selbst bildet eine Selektionsstufe.

Dann folgt das eigens eingerichtete Assessment-Center. Hierbei bilden Eignungs- und Begabungstests eine weitere ernst zu nehmende Hürde. Neben Postkorb-Übung, Gruppendiskussion und Präsentation ist das Interview das vierte wichtige Standbein, auf dem die Einstellungsentscheidung beruht.

K.o.-Kriterium Interview?

Ein verpatztes Interview muss nicht unbedingt ein Beinbruch sein. Wenn die Abteilung ein dringendes Interesse an einem Kandidaten hat und alle übrigen Fakten stimmen, kann über das Interview hinweggesehen werden.

Tatsächlich ist es so, dass das Assessment-Center die Besseren aus den Guten aussortiert und die Mittelmäßigen gar nicht zum Zuge kommen lässt. Ganz bestimmt werden auch Fehlurteile gefällt. Das Risiko ist aber beim Assessment-Center niedrig. Examensnoten sind im Bewerbungsverfahren des Assessment-Centers nur ein kleines Teil des Puzzles. Ob jemand später tatsächlich Menschen führen kann oder ein motivierter, kreativer Mitarbeiter ist, geht aus den Noten nicht hervor. Das Gegenteil ist oft der Fall, dass nämlich Bewerber mit exzellenten Noten eher eine unreife und unausgeglichene Persönlichkeit haben.

Die wichtigsten Faktoren, die im Interview erfasst werden, sind auf der folgenden Seite dargestellt. Die genannten Prozentzahlen geben an, wie häufig ein bestimmter Faktor im Interview angesprochen wird.

Nicht Fachwissen, sondern Persönlichkeit wird hier getestet!

Neben den genannten Faktoren tritt das Fachliche im Interview zurück, es wird vorausgesetzt. Die wichtigste Erkundungsaufgabe betrifft die Persönlichkeit und das kreative Denken. Damit ist Denken gemeint, das durchaus auch einmal aus dem Rahmen fallen kann, das sozusagen über den Tellerrand hinausschaut. Außerdem gehört auch Praxis in der Menschenführung zu den gefragten Qualifikationen, über die man sich im Interview ein Bild machen möchte. Übrigens geht man davon aus, dass Bewerber, die bei der Bundeswehr Zeitsoldaten waren, bereits gelernt haben, mit Menschen im Team zu arbeiten und diese in der Gruppe zu führen.

Die Frage der Menschenführung ist dabei nicht eine Frage der Disziplin, sondern der sozialen Kompetenz und der Kameradschaft, die das Arbeiten im Team ermöglicht.

Faktoren im Interview

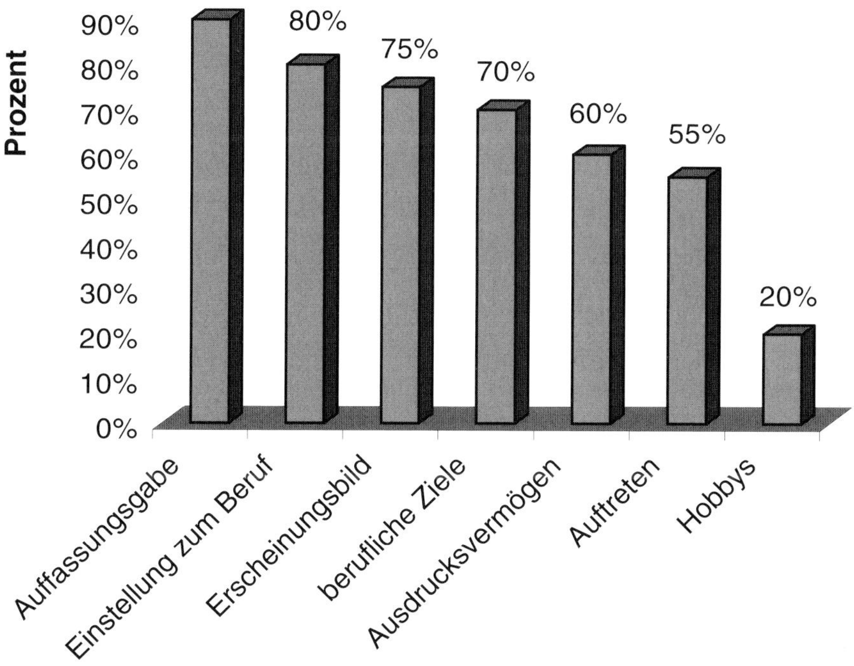

nach: Institut der deutschen Wirtschaft

Vorteil Privatuniversität?

Von Bewerbern, die private Schulen und private Universitäten besucht haben, wird man eine größere Weltoffenheit und Kreativität erwarten. Das ist im Rahmen der europäischen Kooperation wichtig und wird im Hinblick auf weltweite Zusammenarbeit noch wichtiger werden.

Trotzdem muss man beachten, dass Bewerber nicht sofort alle positiven Eigenschaften mitbringen können. Schließlich beginnen sie als Jungmanager, um dann in die Interna des Unternehmens hineinzuwachsen. Im Interview wird das in den meisten Fällen berücksichtigt. Erst wenn ein bestimmter Zeitraum verstrichen ist und die Trainees in die interne Struktur hineingewachsen sind, werden sie mit Führungsaufgaben betraut. Diese können dann durchaus im Ausland beginnen. Für die sprachliche Fertigkeit werden Schulungen angeboten, so dass die fehlende Qualifikation in diesem Bereich nicht das Problem sein muss.

Stipendien und Eigenfinanzierung des Studiums

Ein weiteres Thema des Interviews sind Stipendien, die der Bewerber erhalten hat. Damit ist nicht die BAföG-Förderung gemeint, sondern Stipendien für Hochbegabte, für Diplomarbeiten oder für ein Auslandssemester. Für den Bewerber sind Stipendien von Vorteil, weil sie ihn aus der breiten Masse herausheben. Es ist aber ebenso wichtig, wenn Sie als Bewerber darauf hinweisen, dass Sie einen Teil des Studiums selbst finanzieren mussten. Das weist darauf hin, dass Sie wissen, was Arbeit bedeutet. Dafür gibt es ebenfalls Pluspunkte.

Sie können noch etwas tun: Sicher sind Interviewer nicht abgeneigt, in eine Präsentationsmappe zu sehen, sofern ihnen diese vorgelegt wird. Je mehr Informationen zusammenkommen, desto besser.

Studiendauer

Obwohl die Dauer eines Studiums aus den Unterlagen zu ersehen ist, wird sie doch häufig zum Gesprächsgegenstand gemacht. Viele Studierende argumentieren bei einer längeren Studienzeit mit überfüllten Hochschulen, Vorlesungssälen und Seminaren. Trotzdem wird von den meisten Interviewern genau auf die Studienzeit geachtet. Wer die Regelstudienzeit ohne gewichtigen Grund überschritten hat, erhält Minuspunkte. Dies gilt nicht, wenn zum Beispiel Familienplanung, Unfälle usw. ohne eigenes Verschulden das Studium unglücklich verlängert haben.

Fragen im Interview

Fragen, die im Interview des Assessment-Centers gestellt werden, wiederholen sich in der einen oder anderen Form immer wieder. Sie werden das selbst feststellen, wenn Sie mehrere Assessment-Center hinter sich haben. Wie weiter oben bereits dargestellt, ist das nicht verwunderlich, denn bestimmte Informationen sind für die Entscheidungsfindung des Betriebes wichtig.
Der nachfolgende Fragenkatalog ist aus mehreren Assessment-Centern zusammengestellt und bietet einen weitläufigen Überblick über die gängigsten Fragen.

Sie können diesen Fragenkatalog zu Hause üben und sich so auf solche oder ähnlich formulierte Fragen vorbereiten. Versuchen Sie, die Fragen möglichst überzeugend zu beantworten.

Fragenkatalog zum Interview

Fragen zum Einstieg

Die Fragen zum Einstieg werden von den Interviewern besonders gern gestellt. Man möchte Sie zum Reden bringen, in einen gewissen Redefluss hineinsteuern. Ein häufiger Aufhänger ist dabei der Lebenslauf. Natürlich haben sich Ihre Interviewer diesen schon längst genau angesehen. Trotzdem möchte man von Ihnen persönlich manches nochmals hören. Häufig wird nachgehakt, um zusätzliche Informationen über lange Studienzeiten, Lebenslauflücken, Auslandsaufenthalte usw. zu erfahren.

Ziel: den Bewerber zum Reden bringen

→ „Erzählen Sie uns doch etwas über Ihren bisherigen beruflichen Werdegang."
→ „Warum haben Sie sich ausgerechnet bei uns beworben, gab es da noch andere Alternativen?"
→ „Wie sind Sie auf uns gestoßen?"
→ „Warum wollen Sie bei uns als ... tätig werden?"

→ „Wie lange haben Sie studiert?"
→ „Sie haben ein Semester im Ausland studiert. Warum?"

Fragen zur Familiensituation

Fragen zur Familien- und Lebenssituation werden ebenso wie der Lebenslauf mit den eingereichten Unterlagen abgestimmt. Sie sollten flüssig antworten. Im Allgemeinen sind hinter diesen Fragen kaum Fallen zu vermuten.

Angaben im Lebenslauf bestätigen

→ „Sind Sie verheiratet oder durch eine nicht eheliche Gemeinschaft gebunden?"
→ „Wie viele Kinder haben Sie und wo gehen diese zur Schule?"
→ „Ist Ihr Partner berufstätig?"
→ „Inwiefern sind Sie örtlich gebunden?"

Fragen zur beruflichen Entwicklung

Die Assessoren wollen bei diesen Fragen sehen, inwieweit Ihr bisheriger Werdegang geplant war oder ob eher eine zufällige Laufbahn entstanden ist. Sind Sie mehrmals befördert worden? Das deutet auf berufliches Engagement und auf Leistung hin. Haben Sie den Aufstieg über einen beruflichen Wechsel geschafft? Könnte Zufall im Spiel gewesen sein?

→ „Weshalb wollen Sie Ihre derzeitige Position aufgeben?"
→ „Warum haben Sie gerade diesen Weg für Ihr berufliches Fortkommen gewählt?"
→ „Wo wollen Sie in fünf Jahren stehen?"
→ „Welches war bisher Ihre größte Aufgabe, die Sie erfolgreich bewältigt haben?"
→ „Was haben Sie getan, damit diese Aufgabe ein Erfolg wurde?"
→ „Wie schätzen Sie die wirtschaftliche Situation unserer Branche ein?"

Engagement und Leistungswillen demonstrieren

- → „Schildern Sie Ihre größten Probleme, die Sie während des letzten halben Jahres bewältigen mussten."
- → „In welchem Arbeitsbereich waren Sie am erfolgreichsten?"
- → „Wo würden Sie bei uns am liebsten tätig werden?"
- → „Reisen Sie gerne?"

Fragen zur Persönlichkeit und zum Arbeitsstil

- → „Wie verläuft Ihre Arbeitszeit normalerweise?"
- → „Nehmen Sie Arbeit mit nach Hause, um sich auf den nächsten Tag vorzubereiten?"
- → „Benützen Sie ein Zeitplanungssystem? Welches?"
- → „Welche Erfahrungen haben Sie damit gemacht?"
- → „Haben Sie eine bestimmte Methode, um komplexe Probleme zu lösen?"
- → „Welche Methoden haben Sie entwickelt, um Ihre Mitarbeiter zu motivieren?"
- → „Wie gehen Sie mit sozialen Problemen Ihrer Mitarbeiter um?"
- → „Wie verhalten Sie sich in Stresssituationen?"
- → „Was tun Sie für Ihre berufliche Weiterbildung?"
- → „Wie reagieren Sie auf unsachliche Argumente?"
- → „Nehmen Sie oft an Konferenzen und Besprechungen teil?"
- → „Wie setzen Sie sich berufliche und persönliche Ziele?"
- → „Was unternehmen Sie normalerweise, um diese Ziele zu erreichen?"
- → „Welche Stärken haben Sie?"
- → „Welche Schwächen haben Sie?"
- → „Aus welchen Gründen sollten wir Sie einstellen?"

Sozial, kompetent, ausgeglichen und motiviert wirken

- → „Wie gestalten Sie Ihre Freizeit?"
- → „Ist Ihr Bekanntenkreis eher groß oder eher klein?"
- → „Sind Sie in Ihrer Gemeinde aktiv?"
- → „Fühlen Sie sich innerlich verpflichtet, in Ihrem Freundeskreis Unstimmigkeiten zu schlichten?"
- → „Was unternehmen Sie gemeinsam mit Ihrer Familie?"
- → „Wo machen Sie am liebsten Urlaub?"

Abschlussfragen

Die Abschlussfragen stellen sozusagen das Resümee dar, mit dem die Interviewer ihre Meinungsbildung über Sie untermauern. Manchmal geht es um ein konkretes Angebot, manchmal um die Gehaltsvorstellung. Wird Letzteres gefragt, dann ist das ein untrügliches Zeichen dafür, dass man sich bereits in Gedanken mit einem Arbeitsvertrag befasst. Sie sollen nun in die Gehaltsstruktur des Betriebs eingeordnet werden. Wenn Sie bereits in Ihrer Bewerbung einen Gehaltswunsch geäußert haben, sollten Sie diesen nun nicht mehr nach oben korrigieren. Das gilt als unseriös.

Fragen, die ernsthaftes Interesse des Arbeitsgebers signalisieren

- → „Ist für Sie die Art der Tätigkeit oder die Höhe des Gehalts von größerer Bedeutung?"
- → „Wie hoch stellen Sie sich Ihr Gehalt in Zukunft vor?"
- → „Was verdienen Sie zurzeit brutto?"
- → „Machen Sie notfalls auch Überstunden?"
- → „Wann könnten Sie anfangen?"
- → „Wie hat es Ihnen bei uns gefallen?"

Was möchten die Assessoren gerne von Ihnen hören? Sie fahren am besten in der mittleren Linie. Weder zu großer Enthusiasmus noch bescheidene Zurückhaltung bringt Sie ans Ziel. Versuchen Sie, eine Strategie aus der Stellenausschreibung herauszulesen. Wird zum Beispiel ein dynamischer, junger, aggressiver Außendienstler gesucht, müssen Sie sich als kleiner Löwe verkaufen. Andere Posten erfordern wiederum ganz andere Eigenschaften.

Wenn Sie nach Ihrem Interesse an der neuen Position gefragt werden, sollte bei Ihrer Antwort nicht das Gehalt im Vordergrund stehen, sondern der Aufgabenbereich. Reine Gewinnabsichten führen nicht unbedingt zu einer positiven Bewertung. Auch bei der Frage nach dem, was Sie sich von der neuen Position versprechen, sollte Ihre Antwort nicht unbedingt „Ein höheres Gehalt" lauten. Überlegen Sie sich vorher gründlich, was Ihnen an der ausgeschriebenen Position außer dem Gehalt noch gefällt.

Die „Misserfolgs-Frage"

Fragen nach beruflichen Misserfolgen werden gerne gestellt. Hier wollen die Assessoren Ihre persönlichen Bewältigungsstrategien kennen lernen. Auch Ihr Selbstvertrauen ist mit dieser Frage angesprochen. Ein Teil der Antwort wird sich damit beschäftigen müssen.

Checkliste zum Interview

Bitte bedenken Sie:

→ Auf das Interview kann man sich vorbereiten. Überlegen Sie sich zu allen möglichen Fragen eine passende Antwort.
→ Üben Sie das Interview zusammen mit einem Partner oder einer Partnerin als Rollenspiel.
→ Lesen Sie die eingangs beschriebenen Details des Interviews nochmals durch und halten Sie auf die für Sie zutreffenden Fragen eine Antwort bereit.
→ Um aus zukünftigen Interviews zu lernen, fertigen Sie sich am besten ein persönliches Ablaufprotokoll an.
→ Fehler, die Sie im Interview gemacht haben, sollten Sie sich merken, damit Sie sie nicht noch einmal machen.

Stressinterview

Was ist ein Stressinterview?

Stressinterviews werden heute generell in Assessment-Centern durchgeführt. Dabei erübrigt sich die früher angewandte Methode des Stressinterviews während der aktuellen Bewerbungssituation im Vorstellungsgespräch. Was ist nun ein Stressinterview? Was können wir darunter verstehen?

Ziel: Bewerberverhalten unter außergewöhnlichen Bedingungen testen

Definition: Das Stressinterview ist eine besonders extreme Art der interpersonellen Kommunikation, wobei mehrere unabhängige Kommunikanten gleichzeitig mit einem abhängigen diskutieren. Das Stressinterview kann eine Form der Indoktrination darstellen. Es ist geeignet, bei Kandidaten Angst- und Fluchtreaktionen zu erzeugen, um bei dementsprechenden negativen Gefühlen den Mechanismus der Selbstkontrolle außer Gefecht zu setzen. Das Stressinterview ist eine bewusst in Richtung Versagensangst gerichtete Aktivität oder Interviewform, mit der sich das Verhalten eines Kandidaten unter außergewöhnlichen Bedingungen einschätzen lässt.

Leistung – und Versagensängste

Nicht von ungefähr ist diese Form des Interviews in unserer Leistungsgesellschaft entwickelt worden. Beides ist dabei neu: der Begriff des Versagens und der der Leistungsgesellschaft. Früher konnte man sich unter Versagen nur das nicht korrekte Funktionieren eines Werkzeugs oder einer Maschine vorstellen. Dass Menschen jemals „nicht funktionieren" würden, war nicht vorgesehen.

Versagen beim Menschen bedeutet, dass die geforderte Leistung, die mehr oder weniger deutlich formuliert wurde, nicht mehr erbracht wird.

Genau dies aber passiert im Stressinterview. Man will testen, wie lange die Leistung, in diesem Fall die Teilnahme am Interview, aufrechterhalten wird, wie lange die Kooperation bestehen bleibt,

zu welchem Zeitpunkt diese abbricht, mit welchen Reaktionen und Aktionen des Gegenübers zu rechnen ist.
In der Leistungsgesellschaft tauchen Worte wie Leistungsdruck, -zwang, -soll und -verweigerung auf. Das bedeutet, dass Leistung weniger aus eigenem Antrieb erbracht, sondern durch eine fremdbestimmte Forderung abverlangt wird. Und genau da setzen die Beobachtungen der Interviewer an. Wann wird er (der Kandidat) wohl abschalten? Wie wird er abschalten? Wird er innerlich, d.h. sanft aussteigen, wird er mit einem theaterreifen Ausbruch explodieren oder wird gar nichts passieren? Wird er alle Beleidigungen, Anschuldigungen und Indiskretionen an sich abprallen lassen und äußerlich seinem Job gerecht werden?

Den Druck des Arbeitsalltags simulieren

Leistungsgesellschaft und Konkurrenz im Betrieb – das heißt Stress, Rivalität, Kampf um Selbstbehauptung unter der ständigen Drohung, abgehängt zu werden, aus dem Produktionsprozess herauszufallen und zu scheitern. Zwang und Angst sorgen für massenhaft psychische Deformierungen, für den allseits beklagten Mangel an Originalität und Kreativität. Bis ins hohe Arbeitsalter verbleibt ein Großteil der Mitarbeiter auf der Stufe von Schülern, die vom Verfehlen einer vorgegebenen Norm und vom Unglück des Versagens bedroht werden. Das Stressinterview spiegelt diese „Lebenswirklichkeit“ in komprimierter Form wider. Wer hier versagt, so die Überlegungen der Interviewer, wird im „echten Leben“ ebenfalls versagen.
Auf diesem keinesfalls bewiesenen Transferschluss beruht die eigentliche Legitimation des Stressinterviews. Wie es aussieht und was im Assessment-Center daraus gemacht wird, werde ich später noch ausführlicher darstellen.
Die tiefere Bedeutung des Stressinterviews und der damit verknüpften Fähigkeit zur Stresstoleranz liegt weit in unserer Vergangenheit, genauer gesagt ist die Wurzel in der Kindheit zu suchen.

Stress als Angstfaktor oder Herausforderung?

Die Bedeutung früherer Erfahrungen wird deutlich, wenn man auf die Erkenntnisse von Wissenschaftlern zurückgreift. Sie haben festgestellt, dass Menschen ganz unterschiedlich auf dieselben Stressfaktoren reagieren. Das beginnt bereits in der Kindheit: Bei demselben Schulstress fühlen sich einige Kinder von den äußeren Erwartungen bedroht, geängstigt und gesteuert, während es andere fertig bringen, sich mit den vorgelegten Aufgaben zu identifizieren, um diese zu verinnerlichen und sie als Herausforderung zu bejahen.

Kindheitsmuster bleiben bestehen

Dieses Schema wiederholt sich später im Berufsleben. Für viele bedeutet es, dass sie mit ihrem Tun unzufrieden sind. Andere hingegen quält es, wenn sie sich im Hinblick auf Geschmack, Urteil oder Überzeugung dem Vorgesetzten unterwerfen müssen. Solche grundsätzlichen Verhaltensmechanismen sind so stark eingeschliffen, dass sie unter Stress aufbrechen. Schauspielerei hilft wenig, nur ausgesprochen talentierte Akteure kommen damit weiter. Typische, vielleicht sogar unterbewusste Verhaltensweisen werden beim Stressinterview herausgefunden.

Beispiele für unterschiedliche Verhaltensmechanismen

Da freut sich die Verkäuferin, wenn sie morgens in ihre Boutique geht, auf den Kontakt mit den Kunden, auf die Gespräche und den Alltag, weil es ihr Spaß macht, mit Kunden zu reden und diese in Bekleidungsfragen zu beraten. Sie geht frohgemut und gut gelaunt an die Arbeit. Eine andere Verkäuferin hingegen fühlt sich von den ungerechtfertigten Wünschen und Forderungen der Kunden bedroht. Sie schleppt sich missmutig durch die Eingangspforte.

Eine Managerin beginnt ihren Arbeitsalltag gespannt, sie hofft auf interessante Geschäftspartner, denen sie Vertrauen entgegenbringen kann und mit denen sie erfolgreiche Geschäfte abschließen will. Sie sieht den Tag als Chance vor sich liegen.

Ihr benachbarter Vorstandskollege hingegen erwartet defensiv die Herausforderungen des Tages. Er sieht schon den Ansturm der Gehaltserhöhung fordernden Angestellten, die aufmüpfigen Gewerkschaftsvertreter, die anspruchsvollen Kunden und ungeduldigen Lieferanten, die seine Geduld überstrapazieren, ihn auslaugen und die keineswegs die für seine Arbeit erforderliche Dankbarkeit und das nötige Verständnis aufbringen.

Schlüsselfähigkeit: Stress posituv verarbeiten

Während es in der Realität eine wirklich große Zahl von Versagern gibt, suchen die Betriebe speziell im Stressinterview die wenigen herausragenden Köpfe, die mit Stress positiv umgehen können. Kein Wunder also, dass Stressbewältigung und soziale Kompetenz seit Jahren die Hitliste vieler Seminare anführen.

Lampenfieber

Noch ein Wort zu dem im Stressinterview erzeugten Gefühl des Versagens, dem Lampenfieber. In „homöopathischen" Dosen ist Lampenfieber wichtig, um Körper und Geist innerhalb relativ kurzer Zeit in Hochform zu bringen. Lampenfieber zeigt an, dass eine bestehende Situation ein Risiko enthält, das einen in innere Spannung versetzt. Diese Spannung drückt sich körperlich in Erregung in Form von Herzklopfen, Schweißausbrüchen, Zittern und Beklemmungsgefühlen aus.

Angst

Die Ursache dieser Reaktion ist Angst. Wenn sie in der Gesprächssituation aufkommt, ist dies von den Interviewern gewollt. Die körperliche Komponente von Angst führt zu einer beschleunigten Herzreaktion und zur Blutdruckerhöhung. Diese Leistungssteigerung des Organismus war in der Vorzeit sicher eine sinnvolle Reaktion, weil der Körper damit auf Flucht oder Angriff vorbereitet wurde. Heute sind diese biologischen Reaktionen zum Teil sinnlos geworden. Die meisten mit Lampenfieber belegten Situationen lassen sich nicht mit Flucht oder Angriff bewältigen. Einem oder mehreren bedrohlichen Interviewern kann man nicht an den Hals springen oder etwa dadurch entgehen, dass man fluchtartig den Raum verlässt.

Maximale Aufmerksamkeit

Dennoch berichten manche Assessment-Teilnehmer, dass Lampenfieber durchaus nützlich für sie ist. Mit seiner Hilfe sind sie aus dem Stand heraus „voll da". Zahlreiche Teilnehmer machen die Erfahrung, dass Stress und Angst dem Denken gut tun. Die Aufmerksamkeitsanspannung wird erhöht, die Antworten kommen gezielt und der Stress ermöglicht ein rasches Auffassen und Reagieren.

Normalerweise klingt das Lampenfieber recht schnell ab. Fatal wirkt es sich erst dann aus, wenn es während des Interviews eskaliert und auf hohem Niveau bestehen bleibt. Im Stressinterview

wird es künstlich gefördert, indem die Vorstellungssituation unkalkulierbar und scheinbar unkontrollierbar für den Bewerber gemacht wird. Panische Unruhe, Gedankenverwirrung, scheinbare Widersprüche, totaler Konzentrationsverlust, Leere im Kopf, Schwindelgefühle und Fluchtreaktionen können zum Blackout führen. Psychologisch gedeutet ist genau das ein Hinweis auf einen behandlungswürdigen Konflikt. Das Ziel, so möchte man triumphierend ausrufen, ist also erreicht, das Stressinterview hat seine Berechtigung.
Trotzdem, wir sollten dem Stressinterview gegenüber kritisch bleiben. Extremfälle, wie im Stressinterview künstlich erzeugt, kommen im täglichen Leben äußerst selten vor.

Stressinterview konkret

Ziel: eine unkontrollierbare Situation

Wie der Name schon sagt, geht es bei dieser Gesprächsform vor allem darum, beim Bewerber Stress hervorzurufen. Das gelingt aus der Sicht der Interviewer am besten damit, die Situation für den Bewerber vermeintlich unkontrollierbar zu machen. Das Stressinterview teilt sich in drei Phasen.

Phase I: Aufwärmen (Warming up)

Während dieser Phase ähnelt das Stressinterview dem üblichen Vorstellungsgespräch. Einfache Fragen nach dem Lebenslauf, dem familiären Hintergrund und nach der beruflichen Eignung sollen Sie aufmuntern und entspannen.

Zusammenarbeit der Interviewer

Im Gegensatz zum gängigen Interview werden Sie sich aber mit zwei oder drei Interviewern gleichzeitig konfrontiert sehen. Schon nach wenigen Minuten erkennen Sie, dass die Interviewer aufeinander abgestimmt sind. Während Interviewer Nummer eins die erste Frage loslässt, überlegt Nummer zwei und hakt dann gleich mit der nächsten Frage nach.

Phase I ist unproblematisch, weil die Fragen nicht schwierig zu beantworten sind und sich eher auf einer allgemeinen, unverbindlichen Ebene bewegen.

Phase II: Stressinduktion

Wie schon in Phase I, so sind auch hier die Rollen der Interviewer verteilt. Die Fragen sind abgesprochen, werden enger, drängender und gehen dichter an die Intimsphäre. Dabei werden verschiedene Methoden der Stressinduktion angewandt:

Der Bewerber wird mit Fragen „bombardiert"

1. Schnelle Fragenkomplexe, ohne Ihnen Gelegenheit zur ausführlichen Antwort zu geben.

→ „Sie haben in Trier studiert und in Tübingen gewohnt, wie passt das zusammen?"
→ „Sehen Sie, die Entfernung zwischen beiden Städten ist 406 km."
→ „Ist Ihre Lebenspartnerin nun aus Trier oder aus Tübingen?"
→ „Natürlich könnten Sie uns das erklären, aber die Zeit haben wir nicht."

Seine Glaubwürdigkeit wird angezweifelt

2. Fragen, die Ihre Persönlichkeit und Glaubwürdigkeit untergraben.

→ „Also, wie ist das nun? Sie widersprechen sich ständig."
→ „Geben Sie doch zu, dass Sie nur auf unser Geld scharf sind."
→ „Fühlen Sie sich nicht zu jung/alt für diese Position?"
→ „Lange wollen Sie ja sowieso nicht bei uns bleiben."
→ „Was glauben Sie denn, ist Ihre Arbeitskraft wert?"

Er wird mit Unterstellungen konfrontiert ...

3. Ungerechtfertigte Unterstellungen und Suggestivfragen.

→ „Erzählen Sie mir das bloß nicht!"
→ „Auf Leute wie Sie könnten wir eigentlich verzichten!"
→ „Geben Sie doch endlich zu, dass Sie schon bei der Konkurrenz waren!"
→ „Wie schätzen Sie sich als Untergebener denn so ein?"

→ „Wie ich das sehe, haben Sie in der jetzigen Position wirklich nur Probleme und Ärger."

... und muss sich gegen persönliche Angriffe wehren

4. Persönliche Angriffe.

→ „Sie sind eine Niete!"
→ „Sie haben im Leben gar keine Ziele!"
→ „Karriere – dass ich nicht lache!"
→ „Von Ihrer Sorte kommt jeden Tag einer vorbei!"
→ „Sie haben nur Schwächen, sehen Sie irgendwelche Stärken?"

Der Bewerber soll auf kaum vorhersehbare Fragen reagieren

5. Überraschungsfragen, -aufgaben oder -aufforderungen.

→ „Zählen Sie mal die Hauptstädte der Bundesländer auf."
→ „Nennen Sie mir alle Staaten Afrikas."
→ „Interessieren Sie sich für Gruppensex?"
→ „Sind Sie eine Führungskraft?"
→ „Waren Sie schon bei einem Unfall mit Todesfolge anwesend?"
→ „Hat Ihnen die Bundeswehr Spaß gemacht? Warum?"
→ „Wie viel Aids-Tote gibt es in Afrika, Europa, Lateinamerika usw. jährlich?"
→ „Wollen wir jetzt einen kleinen Psychotest machen?"

Phase III: Stressabbau

In der dritten Phase soll der zuvor erzeugte Stress bei den Bewerbern zurückgenommen werden. So werden eher unverfängliche Fragen gestellt. Manchmal wird der Interviewer, der zuvor die frechsten Fragen gestellt hatte, von seinen Kollegen auch gerügt, etwa mit den Worten: „Also das geht uns nun wirklich nichts an. Diese Fragen vergessen wir am besten gleich wieder. Ich muss mich für den Kollegen Forsch wirklich bei Ihnen entschuldigen." Lassen Sie sich nichts vormachen, auch diese Dialoge sind abgesprochen und die Rollen genauestens verteilt! Zur Stressreduktion werden folgende Fragen gestellt.

→ „Was werden Sie nun tun?“
→ „Erzählen Sie noch etwas über sich selbst.“
→ „Hätten Sie Einwände, auch als Vorgesetzter zu arbeiten?“
→ „Welches ist Ihr nächstes Ziel?“
→ „Haben Sie eine längere Fahrt vor sich?“

Selten wird mit offenen Karten gespielt

Nur selten wird explizit ausgesprochen: „Dies war ein Stressinterview.“ Zumeist belassen es die Interviewer bei einer verwaschenen Entschuldigung. Dabei sind sich die Firmenvertreter wohl bewusst, dass ein Stressinterview mit einer Dauer von 20 bis 30 Minuten geeignete Kandidaten vergraulen kann.

Gefahr: „Vergraulen" geeigneter Kandidaten

So sagen sich viele Bewerber: „Wenn ich so behandelt werde, will ich mit dem Verein nichts zu tun haben.“ – Eine berechtigte Einstellung, wie mir jeder beipflichten wird, der schon einmal ein Stressinterview überstehen musste. Auf diese Weise sind möglicherweise schon viele wertvolle Kandidaten abgesprungen. Neuere Überlegungen gehen deshalb nicht mehr unbedingt in Richtung Stressinterview. Man wird unterscheiden zwischen Positionen, die unbedingt eine Stresstoleranz verlangen, und solchen, die ohne auskommen.

Wie sollten Sie sich verhalten?

Nicht immer ist einfaches Durchstehen im Stressinterview das richtige Verhalten. Wenn Sie merken, dass die ganze Situation auf ein Stressinterview hinausläuft, können Sie das ruhig ansprechen.

Einer meiner Klienten hat mit dem folgenden Satz recht gute Erfahrungen gemacht: „Meine Damen und Herren, ich glaube das Ganze läuft auf ein Stressinterview hinaus. Sie dürfen alles fragen, ich möchte Sie jedoch bitten, die allgemeinen Regeln des Anstands und der Toleranz einzuhalten. Im Notfall sehe ich mich sonst gezwungen, das Gespräch abzubrechen.“

Lassen Sie sich nicht alles gefallen!

Damit deuten Sie an, dass Sie die hier aufgefahrenen psychologischen Techniken verstehen und durchschaut haben. Den Interviewern, die ja das ahnungslose Opfer vermuten, wird der Wind aus den Segeln genommen und sie gehen weitaus vorsichtiger als gewöhnlich an die Sache heran.

Falsch wäre es meines Erachtens, alle Schmähungen des Stressinterviews unbeantwortet an sich abprallen zu lassen. Das Stressinterview soll ja Ihre persönliche Toleranzgrenze austesten. Wenn Sie aus berechtigtem Anlass die Fragetechniken und Fragestellungen monieren, wird man dies als selbstsicheres Verhalten ansehen und eher als positiv werten, als wenn Sie alles von sich abweisen.

Falsch ist es, sich gleich von den konstruierten Vorwürfen und Unterstellungen der Interviewer ins Bockshorn jagen zu lassen. Wenn Sie ein Stressinterview vermuten, verlieren Sie auf keinen Fall den Kopf! Es ist besser, das Gesicht zu wahren, als sich alle Gemeinheiten der Interviewer ohne Kommentar anzuhören. Weinen Sie niemals während des Interviews, damit haben Sie schon verloren! Bitten Sie, wenn Ihnen nichts anderes mehr einfällt, um eine Pause. Überlegen Sie dann, ob Sie dieses Gespräch überhaupt noch fortsetzen wollen.

Stressinterviews üben

Auf Stressinterviews können Sie sich vorbereiten, indem Sie sich mit einem Partner bestimmte Standardfragen stellen. Werden Sie abwechslungsweise gemein und gehen Sie auch „unter die Gürtellinie". Das Gefühl, das Sie damit gewinnen, wird in verstärktem Maße bei einem echten Stressinterview dominieren.

Bei mehrmaliger Wiederholung machen Sie sich Stück für Stück immun gegen die Wirkungen der Stressinduktion durch andere Personen.

Checkliste für das Stressinterview

→ Versuchen Sie, ein Stressinterview von vornherein zu erkennen. Merkmale sind zwei bis drei Interviewer, die offensichtlich ihre Fragen aufeinander abgestimmt haben.

→ Künstlich verbreiteter Hektik sollten Sie ruhig gegenübertreten.

→ Wenn Ihnen die Fragen zu „bunt" werden, bestehen Sie auf einem akzeptablen Gesprächston und einer angemessenen Wortwahl.
→ Unangemessene Verhaltensweisen der Interviewer sollten Sie nicht tolerieren.
→ Je früher Ihr Widerstand sichtbar wird, desto vorsichtiger werden die Interviewer. Die wollen ja auch nicht von Anfang an jeden möglichen Kandidaten oder jede Kandidatin vergraulen.
→ Stressinterviews kann man üben. Wichtig ist das Aufkommen der emotionalen Komponenten von Wut und Angst. Erst wenn Sie diese selbst erlebt haben, können Sie damit umgehen. Wie diese unbewussten Komponenten aussehen, habe ich eingangs geschildert.

Zusammenfassung

Verschiedene Tests und Übungen sind das Kernstück jedes Assessment-Centers. Dieses Kapitel stellt sie ausführlich vor und gibt Ihnen Tipps für Ihre Vorbereitung.
Unter den Testverfahren sind insbesondere Berufseignungs-, Persönlichkeits- und Intelligenztests verbreitet. Ziel ist die Ermittlung fachlich wie persönlich besonders geeigneter und entwicklungsfähiger Kandidaten. Postkorb-Übungen, Gruppendiskussionen, Präsentationen und Rollenspiele dagegen konfrontieren die Bewerber mit Situationen des späteren Berufsalltags. Hier geht es um Fähigkeiten wie Organisationstalent, Entscheidungsfreudigkeit, Stresstoleranz, Durchsetzungsvermögen und sprachliche Gewandtheit.
Im Interview schließlich vertiefen die Assessoren ihren persönlichen Eindruck vom Kandidaten. Viele der hier gestellten Fragen entstammen einem verbreiteten Fragenkatalog, auf den Sie sich gezielt vorbereiten können. Schwieriger wird die Vorbereitung, wenn das Assessment-Center in ein Stressinterview mündet: Um die Belastbarkeit des Kandidaten zu testen, wird dieser mittels bestimmter Fragetechniken gezielt unter Druck gesetzt. Empfehlenswert ist, sich vorab mit einer solchen Situation vertraut zu machen und „im Ernstfall" nicht jedes Verhalten zu tolerieren.

5 Erfolg und Misserfolg im Assessment-Center

Inzwischen wissen Sie bereits ziemlich genau, aus welchen Bestandteilen das Assessment-Center besteht. Sie haben sich mithilfe dieses Buches gezielt auf die Einzelübungen vorbereitet und stehen nun der ganzen Angelegenheit gelassener gegenüber als noch zu Beginn des Buches.

Gezieltes Training Doch gerade jetzt ist es für Sie wichtig, die Kenntnisse, die Sie mithilfe dieses Buches gewonnen haben, noch einmal zusammenzufassen und bestimmte Einzelbereiche, in denen Sie sich vielleicht noch nicht so sicher fühlen, zu trainieren.

Auf Seite 181 finden Sie einen Strategiefahrplan, der noch einmal alle Bestandteile des Assessment-Centers enthält. Überlegen Sie, in welchen Bereichen Sie Schwächen haben könnten und was Sie zu deren Behebung unternehmen können. Denken Sie daran: „Übung macht den Meister." – Ja, man könnte sogar sagen: „Übung macht den Assessment-Meister." Haben Sie zum Beispiel Schwächen im Bereich „Persönlichkeitstests", so stellen Sie sich am besten ein Trainingsprogramm zusammen, mit dessen Hilfe Sie diesen Bereich gezielt trainieren können. Es gibt beispielsweise genügend Bücher, die Persönlichkeitstests zum Thema haben. Das Gleiche gilt natürlich für alle übrigen Bereiche. Literaturtipps finden Sie im Anhang.

Firmeninterne ACs Sollten Sie bereits ein oder mehrere Assessment-Center hinter sich gebracht haben, gibt es zwei Alternativen: Entweder Sie haben das Assessment-Center besucht, um sich um eine neue Stelle zu bewerben, oder man hat Sie getestet, um herauszufinden, ob Sie für eine anspruchsvollere Position geeignet sind. Haben Sie bestanden und den Traumjob erhalten, so gehen Sie trotzdem besser davon aus, dass Sie wieder in ein Assessment-Center eingeladen werden. Denn eine Firma, die ein Assessment-Center anbietet, um eine Position zu besetzen, wird dies auch im weiteren Karriereverlauf tun. Das heißt im Zweifelsfall, dass Sie damit rechnen müssen, immer dann zu einem Assessment-Center eingeladen zu werden, wenn Sie einen Sprung auf der Karriereleiter machen wollen. Auch hier gilt es, rechtzeitig Schwachstellen zu erkennen und zu beheben, denn gerade solche Firmen erwarten von ihren Mitarbeitern deutliche Verbesserungen in den Resultaten.

Misserfolge analysieren

Sollten Sie das Assessment-Center nicht bestanden haben, so stellt sich natürlich besonders die Frage nach dem Warum. Waren es Schwächen in Einzelbereichen? Haben Sie in mehreren verwandten Bereichen (z. B. Persönlichkeits- und Intelligenztest) „versagt"? Haben Sie vielleicht nur eine Schwäche im Bereich rhetorische Fähigkeiten? Analysieren Sie den Grund für Ihr Versagen genau. Umso leichter lassen sich durch gezieltes Training entscheidende Fortschritte machen, die Sie dann beim nächsten Assessment-Center als Gewinner hervorgehen lassen. Denken Sie in jedem Fall daran: Nicht alle Teilnehmer können Gewinner sein!

Ein Feedback einholen

Es passiert immer wieder, dass sich auch langjährige Mitarbeiter vom Betrieb abwenden und ihm den Rücken kehren, wenn die Ergebnisse des Assessment-Centers nicht analysiert und besprochen werden. Das ist ausgesprochen schade: Auf diese Weise werden nicht nur potenzielle Vorgesetzte demoralisiert, sondern dem Unternehmen gehen auch wertvolle Arbeitskräfte verloren, die vielleicht nur auf Grund der spezifischen Situation im Assessment-Center gescheitert sind. Sie erinnern sich daran, dass in den Bereichen Gruppendiskussion, Präsentation und Interview Menschen mit rhetorischen Fähigkeiten Vorteile haben. Haben Sie diese Fähigkeiten nicht, so werden Sie nur allzu leicht von der Konkurrenz überholt, die aber nicht unbedingt besser für den Job geeignet ist. Fragen Sie deshalb in jedem Fall – auch nach Beendigung des Assessment-Centers – nach den Gründen für Ihr Nicht-Bestehen. Sollten Sie weiterhin im Betrieb tätig sein, so wird die Firmenleitung es positiv vermerken, wenn Sie versuchen, Defizite aufzuholen.

Beurteilungs-ACs

Bei einem reinen Beurteilungs-Assessment wir dieser Effekt nicht auftreten, denn jeder Teilnehmer hat auf die eine oder andere Weise bestimmte Entwicklungsmöglichkeiten. Das Assessment-Center kann mit zusätzlichen Fähigkeitstests der unterschiedlichsten Fachbereiche angefüllt werden. Eine Begabung wird bestimmt gefunden. So könnte ein Außendienstler in den Innendienst wechseln, ein Techniker in den EDV-Bereich und ein Entwicklungsingenieur in die Produktion. Wichtig sind die Unterstützung, die der Betrieb dem Einzelnen angedeihen lässt, und die Möglichkeit, zusätzliche Stellen für Assessment-Teilnehmer freizumachen. Man nennt diese ACs auch „Standortbestimmung“.

Nur wenn Förderungs- und Entwicklungsmaßnahmen mit allen Mitarbeitern, auch mit denjenigen, die nicht für eine Führungsposition infrage kommen, durchgesprochen werden, wird man das Problem der Verlierer in den Griff bekommen. Dazu ist es wichtig, dass eventuell als Alternative eine Fachlaufbahn zur Verfügung steht.

Nutzen Sie für Ihr persönliches Training den Strategieplan

Egal wie Sie nun im konkreten Fall abgeschnitten haben, wichtig ist, Ihre Ergebnisse zu dokumentieren und gezielt Ihre Stärken aus- bzw. Ihre Schwächen abzubauen. Dazu ist der folgende Strategieplan gedacht. Tragen Sie die Ergebnisse des Assessment-Centers bzw., falls Sie noch nicht daran teilgenommen haben, Ihre persönlichen Schwachpunkte ein und entwickeln Sie daraus einen Maßnahmenkatalog. Setzen Sie sich eine Frist, nach der Sie die einzelnen Punkte trainiert haben wollen. Halten Sie diese Termine unbedingt ein. Nur ein genau eingehaltener Zeitplan garantiert, dass Sie sich auch wirklich daranmachen, Ihre Schwächen zu verbessern, und nicht einfach die Aufgabe vor sich herschieben.

Mein Strategiefahrplan

Teilnahme am Assessment-Center von .... bis .... in ....

Gesamtwertung: ______________________________

____

____

____

Einzelergebnisse:

Eignungstest: ______________________________
Maßnahme: ______________________________
Erledigt bis: ______________________________

Intelligenz- und Persönlichkeitstest: ______________________________
Maßnahme: ______________________________
Erledigt bis: ______________________________

Postkorb-Übung: ______________________________
Maßnahme: ______________________________
Erledigt bis: ______________________________

Rollenspiel: ______________________________
Maßnahme: ______________________________
Erledigt bis: ______________________________

Präsentation: ______________________________
Maßnahme: ______________________________
Erledigt bis: ______________________________

Interview: ______________________________
Maßnahme: ______________________________
Erledigt bis: ______________________________

Zusammenfassung

Die beste Vorbereitung auf ein Assessment-Center besteht im gezielten Training jener Bereiche, in denen Sie Schwächen festgestellt haben. Wenn Sie ein AC absolvieren, sollten Sie daher immer ein Feedback einfordern – auch und gerade, wenn Sie dabei nicht zu den „Gewinnern" gezählt haben. Mit dem „Strategiefahrplan" in diesem Kapitel können Sie Ihr persönliches Trainingsprogramm zusammenstellen.

6 Anhang

Geschichte des Assessment-Centers

Historische Wurzel: objektive Offiziersauslese

Assessment-Center als Auswahlverfahren finden wir ab dem Jahre 1926 in der Weimarer Republik zur Auswahl der Offiziere der Reichswehr. Seine Entwicklung ist eng mit dem Namen von Prof. Rieffert verbunden.

Grundidee: ganzheitliche Beobachtung

Nachdem er im Jahre 1920 im Auftrag des Reichswehrministeriums ein psychologisches Forschungszentrum an der Universität Berlin gegründet hatte, war er bis 1931 für die Heerespsychotechnik zuständig. Seine Hauptaufgabe war die Entwicklung und Verbesserung der Auswahlmethoden für Offiziersanwärter. Er ging von der Idee aus, die praktische Menschenkenntnis so zu objektivieren, dass Aussagen über Eignung und Bewährung gemacht werden können. Sein Ansatz setzte sehr stark auf Beobachtung, wobei er Anleihen bei der Gestalt- und Ganzheitspsychologie von Kurt Lewin machte. Die Eignung und die Befähigung eines Menschen ist mehr als die Summe seiner einzelnen Fertigkeiten. Folglich war eine Beobachtung im Feld notwendig, um die tatsächlichen Eigenschaften eines Menschen feststellen zu können. In der Abkehr von dem immer präziser werdenden Messen einzelner elementarer Eigenschaften sahen später die Psychologen Thornton und Byham den entscheidenden deutschen Beitrag zur Entwicklung des Assessment-Centers.

Simoneit, der Nachfolger Riefferts, stellte 1933 die Grundzüge des Heeresauswahlverfahrens so dar, wie es auch heute noch als Assessment-Center durchführbar wäre. Neben grundsätzlichen Überlegungen zur Bewerberbeurteilung wurde auch die Auswahl von bestimmten Gruppentechniken aufgeführt, die eine Beurteilung der Anwärter als Teilnehmer in einer sozialen Situation zulassen.

Auswahlverfahren für Offiziersanwärter

Überraschend progressiv: die ersten ACs

Beurteilungspunkte:

1. Das Auswahlverfahren soll innerlich zusammenhängende und aufeinander abgestimmte Prüfungsstationen haben.
2. An der Auswertung der einzelnen Stationen sind mehrere Beurteiler beteiligt.
3. Urteile, die nur durch einen einzelnen Prüfer oder nur auf Grund einer einzelnen Prüfstation gefällt wurden, sind unzulässig.
4. Die Beurteiler müssen genau zwischen Merkmalen und Symptomen einer Leistung unterscheiden können.
5. Die Gruppendiskussion ist zwingender Bestandteil eines Auswahlverfahrens.

Verfahren der Auswahlanalyse:

1. **Lebenslaufanalyse:** Auf Grund des eingereichten Lebenslaufs mit den biographischen Daten werden Rückschlüsse auf die geistige und seelische Entwicklung gezogen.
2. **Ausdrucksanalyse:** In ihr werden Mimik, Pantomimik, Sprech- und Sprachformen analysiert. Unter Umständen werden auch schriftliche Aufzeichnungen hinzugezogen.
3. **Geistesanalyse:** Sie hat das Ziel, Denkstrukturen und -fähigkeiten zu erfassen. Die Methoden sind denen des Intelligenztests gleichzusetzen. Also: Rechenaufgaben, logisches Denken, Kreativität, schlussfolgerndes Denken usw.
4. **Handlungsanalyse:** In ihr wird die Fähigkeit beurteilt, bestimmte Aufgaben möglichst effektiv auszuführen. (Vergleichbar ist diese Teststellung mit der heute weithin bekannten Postkorb-Übung.) Weiterhin werden Reaktionstests und Sportaufgaben angeboten.

5. **Führungsprobe:** Sie wird als Art des Handelns, der Kraftentfaltung und Gesamtveranlagung beurteilt. In diesem Fall anhand fremder Soldaten, die dem Bewerber unterstellt werden.
6. **Abschlusskolloquium:** In ihm sollten die gemachten Erfahrungen diskutiert werden. Messziel ist das Verhalten in einer bekannten Gemeinschaft.

nach: Simoneit

Internationale Verbreitung

Nach den Veröffentlichungen von Simoneit (1933 u. a.) wurde der Ansatz bei den Alliierten bekannt und während des Zweiten Weltkriegs zur Rekrutierung des amerikanischen und britischen Offiziersnachwuchses genutzt. Ebenso wurden nach diesem Verfahren vom OSS (Office of Strategic Services) Agenten für Europa und Südostasien ausgewählt. Die wahre Identität der Bewerber blieb den Prüfern während der dreitägigen Beobachtungsrunde verborgen.
Die Entwicklung des Auswahlverfahrens, das unserem heutigen Assessment-Center ähnelt, wurde vor allem von Murray, einem Psychologen der University of Washington, vorangetrieben. Ihm ist auch der heutige Name Assessment-Center zu verdanken.

Aufgaben der ersten ACs

Mit den Bausteinen des Assessment-Centers wurde damals, wir schreiben das Jahr 1943, noch stark experimentiert. Neben standardisierten Tests, wie den IQ-Tests, wurden projektive Verfahren, Einzel- und Gruppentests, Rollenspiele, biographische Auswahl, Soziometrie und Gesundheits-Check ausprobiert. Ebenso wurden psychische und physische Belastungssituationen eingebaut, um zu erkennen, wie die Bewerber unter Stress reagieren würden. Während in Deutschland bewährte Offiziere die Beurteilung übernahmen, oblag diese in Amerika klinisch-psychologisch geschultem Personal.

Insgesamt gesehen wurde das Assessment-Center durch seinen Erfolg gerechtfertigt. Man hatte ein Instrument gefunden, das es erlaubte, mit einer ziemlich hohen Trefferquote den „richtigen Mann für den richtigen Job“ herauszufiltern.

Weitere Ziele, wie die Entwicklung typischer Beurteilungsskalen für bestimmte Tätigkeiten und der Entwurf von bestimmten persönlichen Eigenschaftsanforderungen für den Einsatz in einem vorgegebenen Bereich, wurden zwar angestrebt, aber nicht mehr zu Ende geführt.

Weiterentwicklung des Assessment-Centers

„AC-Pause" in Deutschland

Das von Rieffert entwickelte Auswahlverfahren wurde ab 1942 nur noch bei der Marine eingesetzt. Mit dem Ende des Zweiten Weltkriegs trat zumindest in Deutschland in der Entwicklung von Auswahlverfahren eine Pause ein. Diese Lücke ist bis heute noch nicht geschlossen, wenn man vom internationalen Standpunkt aus die Anwendung des Assessment-Centers betrachtet.

Die Bundeswehr beschloss 1957, wieder an die Erfahrungen der Auswahlverfahren vor und während des Zweiten Weltkriegs anzuknüpfen, und führte nach dem Vorbild früherer Assessment-Center ein Auswahlverfahren für Offiziersanwärter beim Personalstammamt in Köln ein.

Das erste „Nachkriegs-AC" in der Industrie

Während die amerikanische Wirtschaft schon recht frühzeitig, nämlich 1958, mit AT&T in das Assessment-Center einstieg, dauerte es in Deutschland noch bis 1969, bis IBM Deutschland ein erstes Auswahlverfahren nach dem Vorbild des Assessment-Centers startete. Der wirtschaftliche Erfolg, den die damals junge IBM-Mannschaft auf Anhieb hatte, ließ andere Unternehmen aufhorchen. Das Gefühl, wieder einmal eine wichtige Entwicklung (diesmal im Personalwesen) verschlafen zu haben, verdeutlichte einigen Unternehmen Nachholbedarf. Internationale und nationale Beratungsfirmen konnten erstmals das Assessment-Center „amerikanischen Zuschnitts" in Deutschland gewinnträchtig vermarkten.

Sozusagen als Nebeneffekt entstand in Deutschland eine deutliche Verlagerung der allgemeinen psychologischen Forschung auf das Feld der Diagnostik. Der Arbeitsmarkt für diplomierte Psychologen explodierte förmlich und so war damals in der sich nun verbreitenden Aufbruchstimmung noch lange nichts von der düsteren Arbeitsmarktsituation zu spüren, die 15 Jahre später das psychologische Arbeitsfeld bestimmen sollte. Mit der Psychologie, vor allem in der Diagnostik, war Geld zu verdienen und nicht wenige Psychologen fanden ihr Auskommen im Bereich der Personal- und Unternehmensberatung.

ACs: Populär bei den Firmen, gefürchtet bei den Bewerbern

In den 70er Jahren war es Korschgen, der sich in Publikationen und in öffentlichen Seminaren mit den Themen des Assessment-Centers auseinander setzte und so zu dessen umstrittener Popularität beitrug. Vor allem bei Bewerbern waren AC-Auswahlverfahren äußerst unbeliebt und manchmal mit traumatischem Schrecken verbunden. Die Industrie wollte jedoch auf dieses neuartige, nachweislich erfolgreiche Instrument nicht mehr verzichten. Schließlich war bis zum Jahre 1977 der Anwenderkreis in der deutschen Wirtschaft so sehr angestiegen, dass sich mehrere große Firmen zum „Arbeitskreis Assessment-Center, Führungskräfte-Auswahl und Entwicklung“ zusammenschlossen.

Im Jahr 1979 fand der erste deutsche Assessment-Center-Kongress statt. Ein Kongress übrigens, der sich in der Folgezeit etwa alle vier Jahre wiederholen sollte. Er dient dem Erfahrungsaustausch und dokumentiert eindrucksvoll die Verbreitung und Weiterentwicklung des Assessment-Centers in deutschen Unternehmen.

Der Erfolg gibt den AC-Anwendern Recht

Schon 1988 zählte der Anwenderkreis weit über 100 Mitglieder, die regelmäßig Assessment-Center als Grundlage der Personal- und Unternehmensentwicklung in das Unternehmensgefüge integriert hatten. Viele Führungskräfte, die über das Assessment-Center ausgewählt wurden und an die Spitze der Unternehmen gekommen sind, agieren heute als Initiatoren und Beobachter im betriebsinternen Assessment-Center. Internationale Bewertungsgesellschaften konstatieren bei einer Unternehmensführung mit integriertem Assessment-Center immer öfter bessere Marktchancen, ein gezielteres Vorgehen am Markt, eine größere Flexibilität und höhere Überlebenschancen als bei Firmen, die vom Eigentümer, vom Gründer oder nach anderen Prinzipien geführt werden. Mit anderen Worten: Im internationalen Vergleich sind heute Firmen mit integriertem Assessment-Center und Personalplanung immer führend.

Zukunftsmusik

Schlüsselfaktor: „Wissen"

Der Zukunftsforscher Alvin Toffler nennt drei Quellen der Macht: Gewalt, Geld und Wissen. Er lässt keinen Zweifel daran, welche dieser drei Quellen der Macht die ausschlaggebende für ein Überleben in der Zukunft sein wird – nämlich das Wissen. Dies gilt nach der Meinung Tofflers sowohl für Politik und Wissenschaft als auch für die Wirtschaft.

Das Unternehmen mit dem besseren Geisteskapital und der Fähigkeit, dieses in Markterfolge umzuwandeln, wird siegen. Sowohl die Börse als auch Ratingunternehmen honorieren dies schon seit langer Zeit. Das größte Vertrauen, die größte Kapazität und die größte Wertschätzung wird am Kapitalmarkt Unternehmen mit dem besseren Know-how zuteil. Dies drückt sich nicht zuletzt im starken Anstieg der wichtigsten Aktienindizes aus.

Know-how als Erfolgsgrundlage

Kein Unternehmen von Weltrang kann sich dem Trend zu mehr Brainpower entziehen. Alle Branchen werden geistesintensiver. So schätzt der Wirtschaftswissenschaftler Charles Handy, dass heute mehr als 80 Prozent der Arbeitsplätze vom Know-how bestimmt werden und nicht mehr vom materiellen Einsatz. In manchen Firmen ist das Geistespotenzial so wichtig, dass mehr als die Hälfte der Belegschaft akademisch ausgebildet ist. Dies trifft zum Beispiel bei Cap Gemini zu, einer Softwarefirma, deren 17.000 Beschäftigte zu 82 Prozent einen akademischen Abschluss haben.

Was bewirkt nun dieses Geisteskapital in einem Unternehmen? Es beginnt, sukzessive andere Produktionsfaktoren zu ersetzen, und zwar in Richtung immer weniger kapitalintensiver Techniken. Manuelle Arbeit wird reduziert, Kapitalinvestitionen werden vermindert. Forschung dient heute in weiten Teilen dazu, Rohstoffe einzusparen. Ein Beispiel stellt die Telekommunikation dar. Anstatt einer Tonne Kupfer im Wert von mehreren tausend Euro sind heute für dieselbe Leistung 100 Gramm Glasfaser zum Preis von fünf Euro erforderlich.

Doch schon heute ist absehbar, dass nicht nur materielle Faktoren ersetzt werden, sondern auch Geistesmaterial selbst. Expertensysteme ersetzen Bürojobs und die Bedeutung des Geisteskapitals wächst mit der weiteren technischen Entwicklung. Organisatorische Veränderungen wie Dezentralisierung sind davon ebenso betroffen wie das Delegieren von Verantwortung nach unten.

Trotz dieser immensen Bedeutung steht das Geisteskapital keiner Firma in der Bilanz. Kaum jemand beachtet es oder bringt es gar in aussagekräftige Zahlen, die einen Vergleich zur Konkurrenz ermöglichen.

Bestimmen des „Geisteskapitals" durch ACs

Ohne Zweifel wird in Zukunft mit der Hilfe von Assessment-Centern das Geisteskapital von Unternehmen bestimmt werden. Welches Gesamtkapital hat eine Firma anzubieten, um die Probleme der Zukunft zu bewältigen? Wie hoch ist der IQ einer Firma, der IQ des Forschungsbereichs, der der Entwicklung und der des Verkaufs?

Dazu ist es wichtig, einen breiten Begriff der Intelligenz zu verwenden, etwa den, der durch das Assessment-Center gemessen wird. In ihn gehen nicht nur der eigentliche Intelligenzquotient ein, sondern auch Marktkenntnisse, Wissen über Zulieferer, Vertrauen, Beziehungen und Führungsstil. Die Unternehmensintelligenz ist mehr als die Summe der Einzelleistungen. Sie ist als Netzwerk zu sehen, das Synergien nutzt. Sie übertrifft bei weitem die Summe der Einzelintelligenzen. Dazu gehört sowohl die Möglichkeit der Kommunikation und Aktion im Innern eines Betriebs auch als dessen Kommunikation und Aktion am Markt.

Herausforderung Wissensmanagement

Eine der größten Herausforderungen an das Management wird sein, das Geisteskapital des eigenen Unternehmens zu entwickeln, und zwar so, dass möglichst wenig Streuverluste entstehen. Der weitaus sicherste Weg hierzu ist, die Auswahl neuer Mitarbeiter gezielter zu betreiben und bei den angestammten Mitarbeitern bisher verborgene Fähigkeiten zu entwickeln. Der moderne Wettbewerb erfordert die effektive Ausschöpfung aller Potenziale.

Mitarbeiterwissen mobilisieren

Während japanische Firmen versuchen, den Verstand ihrer Mitarbeiter in den Produktionsprozess auf mannigfaltige Weise mit einzubeziehen, hängt Europa dieser Entwicklung hinterher. Die Chefs denken – und die Arbeiter funktionieren ungefragt. Dieses Taylor-Modell ist überholt. Trotz besseren Wissens macht sich kaum jemand auf, tatsächlich die Axt an den Baum zu legen. Mitarbeitergespräche, Qualitätszirkel, Teamgruppen, Sonderabteilungen usw. sind nur bescheidene Ansätze. Dauerhafter Erfolg am Markt erfordert die Mobilisierung der Einzelintelligenz jedes Mitarbeiters im Unternehmen.

Die Realität zeigt den krassen Gegensatz: Das Geistespotenzial der meisten europäischen Firmen wird nur zu Bruchteilen genutzt. Während manch ein Mitarbeiter nach Feierabend komplexe Steuerungsaufgaben seiner Eisenbahnmodellanlage löst, ist er tagsüber vielleicht mit bloßen Handlangertätigkeiten beschäftigt. Weder hat ein Betrieb eine Vorstellung davon, was die Mitarbeiter sonst noch alles können, noch ist dieses Können irgendwo erfasst. Genauso wenig haben Unternehmen eine Vorstellung davon, wie sie dieses Wissen sinnvoll einsetzen könnten. Dies gilt besonders für viele gut ausgebildete und intelligente Führungsnachwuchskräfte.

Freiräume schaffen, Potenziale ausschöpfen

Die Ursachen liegen vor allem in den starken Einschränkungen in der heutigen Arbeitswelt. Je intelligenter ein Mitarbeiter ist, desto mehr Freiräume braucht er und desto mehr Verantwortung benötigt er, um sein Potenzial voll auszuschöpfen. Firmen, die solche Freiräume gewähren, sind zumeist um ein Vielfaches besser im Wettbewerb als diejenigen, die alles scheinbar wohl geregelt im Griff haben.

ACs loten Potenziale aus

Assessment-Center haben die Eigenschaft, verborgenen Potenziale aufzudecken. Vorgesetzte und Führungskräfte sehen sich bei der Bewertungsarbeit plötzlich mit Fähigkeiten der Mitarbeiter konfrontiert, die sie vordem nicht erkannt haben.

Einzelne Bewertungsstufen und das Anfertigen einer umfassenden Fähigkeitskarte für jeden Mitarbeiter könnten die Grundlage für

einen echten Firmenerfolg darstellen. Die Bildung von Leistungszentren, Sonderentwicklungsabteilungen und Wettbewerbseinrichtungen stimulieren zudem die Fähigkeiten der Mitarbeiter. Eigenverantwortung, das Spüren der Kräfte am Markt schaffen weitere Erfahrungen. Profit-Center könnten mithilfe von Assessment-Centern in nie zuvor erlebter Perfektion aufgebaut und geführt werden.
Die Frage, ob wir in wenigen Jahren wiederum erschreckt feststellen müssen, dass wir einen weiteren Entwicklungssprung verschlafen haben, entscheidet sich jetzt.

Zusammenfassung

Die Geschichte des Assessment-Centers beginnt in der Weimarer Republik, wo es erstmals in der Offiziersauslese erprobt wurde. In der Nachkriegszeit verzichtete man zunächst auf dieses Verfahren; erst 1957 griff die Bundeswehr es wieder auf. In der Wirtschaft wurden Assessment-Center erst zwölf Jahre später eingesetzt.

Im Unternehmen der Zukunft wird der weiteren Professionalisierung des Assessment-Centers entscheidende Bedeutung zukommen – ist es doch wie kein anderes Auswahlinstrument geeignet, die für eine „Wissensgesellschaft" unerlässliche Ausschöpfung der Mitarbeiterpotenziale zu gewährleisten.

Lösungen

Aufgabe 1 (S. 68):	Verteidigung, Manöver
Aufgabe 2 (S. 68):	zwei Stellen
Aufgabe 3 (S. 69):	25 Tage
Aufgabe 4 (S. 69):	nein
Aufgabe 5 (S. 70):	d
Aufgabe 6 (S. 70):	a
Aufgabe 7 (S. 71):	keine Musterlösung möglich
Aufgabe 8 (S. 72):	a) zwei b) TWA c) keine d) einen e) Deutschland f) vier g) keine
Aufgabe 9 (S. 73):	keine Musterlösung möglich
Aufgabe 10 (S. 74):	b
Aufgabe 11 (S. 74):	b

Zwar gibt es für die nächsten drei Aufgaben (12 - 14) keine allgemeingültigen Lösungen, aber mit folgenden Antworten liegen Sie sicher gut im Rennen:

Aufgabe 12 (S. 75):	c
Aufgabe 13 (S. 76):	a
Aufgabe 14 (S. 76):	b
Aufgabe 15 (S. 84):	b: alle Zahlen durch 3 teilbar und größer als 123
Aufgabe 16 (S. 84):	c: jede Zahl stellt jeweils das Doppelte der vorangegangenen Zahl dar
Aufgabe 17 (S. 84):	c
Aufgabe 18 (S. 85):	b
Aufgabe 19 (S. 85):	d
Aufgabe 20 (S. 86):	b
Aufgabe 21 (S. 86):	d

Musterlösung AC – German Wings

(Aufgabe S. 94)

Die Vorbereitungszeit zur Sortierung der Schriftstücke zählt zur gesamten Prüfungszeit.
Berechnen Sie die Verlaufszeit ab der ersten Aufgabenstellung.
Sortieren der Unterlagen nach Dringlichkeit

ZEIT

Schritt eins

Einreihung der Schriftstücke in eine Prioritätenliste

Kategorie eins: sehr dringend

Nr. 1	10. bis 12.12. fixer Termin
Nr. 6	Schlempp/Anruf sofort
Nr. 8	Abwesenheit Fr. Simon sofortige Entscheidung
Nr. 10	dringend abklären Grauer und Zimmer
Nr. 18	sofort entscheiden Versetzung

Kategorie zwei: dringend

Nr. 3	Besprechung Steinhilber
Nr. 4	Brauereibesitzer Entscheidung
Nr. 5	siehe Nr. 4
Nr. 9	23.12. fixer Termin Bestätigung fehlt

Kategorie drei: weniger wichtig/kann bedingt delegiert werden

Nr. 7	Gabelstaplerfahrer
Nr. 14	Basler Verdienstkreuz
Nr. 15	20.12. Termin Schriftstück fix
Nr. 16	17.12. Wirtschaftlichkeitsrechnung
Nr. 17	Entscheidung Werkstattwagen

Kategorie vier: unwichtig/kann delegiert werden

Nr. 2	Krankmeldung
Nr. 11	Schüleranfrage
Nr. 12	Monteur Arbeitszeugnis
Nr. 13	Verdienstkreuz

Anmerkung:
Idealerweise sollten alle Aufgaben gleichmäßig über alle Kategorien verteilt sein.
Hier lässt sich das leider nicht einrichten. Eine leichte Verschiebung in die Kategorien eins und zwei ist zu beobachten. Das heißt, der Bearbeiter ist zu sehr ichbezogen, delegiert ungern und macht zu viel selbst. Unsere Entscheidung hier hält sich aber noch im Rahmen.

ZEIT

Schritt zwei

Bearbeitung der Prioritätenliste Kategorie eins

Nr. 1 10. bis 12.12. fixer Termin

Sehr geehrter Herr Dr. Müller,
soweit ich sehe, besteht zum 10. bis 12.12 keine Terminüberschneidung. An dem Seminar nehme ich teil. Ich sage Fr. Simon Bescheid, dass Sie am 12.12. erst nachmittags nach Hamburg fliegen kann.

Mit freundlichen Grüßen

Dr. Treweis

Nr. 6 Schlempp/Anruf sofort

Sofort anrufen und Bearbeitung bestätigen. Exposé ausarbeiten lassen von Steinhilber. Vorlage am 11.12.
Fr. Simon benachrichtigt Dr. Albrecht Schröder, dass die Sache in Bearbeitung ist.

Nr. 8 Abwesenheit Fr. Simon, sofortige Entscheidung

Sehr geehrter Herr Dr. Zimmer,

leider kann ich Frau Simon am 12.12. erst nachmittags nach Hamburg fliegen lassen. Ich bin abwesend und sie ist als eingearbeitete Fachkraft bei mir im Büro unersetzlich. Da nachmittags weniger Arbeit anfällt, denke ich, dass da kein Problem mehr ist.

Mit freundlichen Grüßen

Dr. Treweis c/o Fr. Simon

Nr. 10 dringend abklären/neue Kunden

Sehr geehrter Herr Dr. Tannbrücke,

vielen Dank für die herzlichen Grüße. Ich werde Ihr Schreiben zusammen mit dieser Empfehlung an Herrn Zimmer und Herrn Grauer weiterleiten. Sie erhalten dann von dort direkt Bescheid.

Mit freundlichen Grüßen

Dr. Treweis c/o Zimmer u. Grauer

Hinweis:
Priorität hat die Entscheidung von Herrn Grauer. Er soll einen Machbarkeitsplan ausarbeiten und an mich zurücksenden.

Nr. 18 sofort entscheiden Versetzung

Sehr geehrter Herr Steinhilber,

da zurzeit der Einkauf nicht besetzt ist und Sie diesen auch kommissarisch leiten überlasse ich Ihnen die Entscheidung. Bitte informieren Sie mich, damit wir eine korrekte Stellenausschreibung rausgeben können.

Mit freundlichen Grüßen

Dr. Treweis c/o Zimmer

Kategorie zwei

Nr. 3 Besprechung Steinhilber

Sehr geehrter Herr Steinhilber,

vielen Dank für die freundlichen Worte. Ich würde den Besprechungstermin am 9.12. ansetzen. Soweit ich dies überblicke, ist da der Vormittag bei mir frei.

Mit freundlichen Grüßen

Dr. Treweis

Nr. 4 Brauereibesitzer Entscheidung

Delegiert an Fr. Simon

Bitte beantworten Sie den Brief höflich, werde mich um die Sache kümmern.
Durchschrift an Esslinger

Nr. 5 siehe Nr. 4

Herr Esslinger soll sich mal die Sache vornehmen. Bericht an mich am 10.12. persönlich.

Nr. 9 23.12. fixer Termin Bestätigung fehlt

Rücksprache mit Grauer.
Ausarbeitung einer kleinen Ansprache von Grauer / Fr. Simon
Fixer Termin in den Terminkalender eintragen am 23.12.
Ehegattin anrufen, Urlaub in Südafrika.
Termin bestätigen lassen c/o Markus Biedermann

Kategorie drei

Nr. 7 Gabelstaplerfahrer

Aktennotiz an Esslinger: Gabelstapler ausfindig machen und zur Rede stellen. Abmahnung einleiten. Bericht an mich bis zum 12.12.

Fr. Simon: kleiner Dankesbrief an Fr. Elke Neumann

Nr. 14 Basler Verdienstkreuz, siehe auch Nr. 13

Beauftrage Fr. Simon, ein Schreiben an den Kommandanten der Feuerwehr zu senden. Tenor: Wir schätzen Herrn Zimmer als sehr kompetent und überdurchschnittlich engagiert. Wir werden die Aktivitäten im Hinblick auf das Bundesverdienstkreuz rückhaltlos unterstützen.

Kopie an: c/o Dr. Basler u Gebhard Müller
Feierstunde einplanen / evtl. kurze Ansprache vorbereiten
Entwurf durch Fr. Simon

Nr. 15 20.12. Termin Schriftstück fix

Information

Weiterleiten an Steinhilber/Zimmer/Grauer
Aktionsplan einleiten und durchführen. Termin vom 18.12. bis 20.12. ganztätig.
Bericht am 20.12. per E-Mail an Tannbrücke durch Fr. Simon.

Nr. 16 17.12. Wirtschaftlichkeitsrechnung

Wirtschaftlichkeitsrechung Heubach

Dossier vom 14.12.

Bildung einer Initiativgruppe Heubach mit Steinhilber, Zimmer und Engel. Ziel: Wirtschaftlichkeitsberechnung. Sitzung am 16.12. und 17.12. Bericht an Basler und an mich

Nr. 17 Entscheidung Werkstattwagen

Telefonanruf an Esslinger und Steinhilber. Abklären, ob Models Aussage richtig. Wenn ja, kaufen wir einen neuen Reparaturwagen. Bezahlung läuft über den Nachtragshaushalt.

Kategorie vier

Nr. 2 Krankmeldung

Krankmeldung bestätigen. Termin feststellen, da kein Datum auf der Aktennotiz.

Nr. 11 Schüleranfrage

Delegieren an Frl. Bauer. Entschuldigung schreiben und Prospekte beilegen.
Vater arbeitet bei IBM – wichtiger Kunde.
Erledigungsvermerk an mich.

Nr. 12 Monteur Arbeitszeugnis

Rücksprache mit Esslinger. Das Zeugnis muss Zimmer ausstellen. Erledigungsvermerk in die Akte. Entschuldigung aussprechen.

Nr. 13 Bundesverdienstkreuz

Siehe Schriftstück Nr. 14 bereits alles erledigt.

ZEIT

Endanweisung

ZEIT

Schritt drei

Auswertung Teil 1

Stellen Sie fest, ob Sie Ihre Schriftstücke gemäß den oben angegebenen Kategorien angeordnet haben. Für jedes richtige Schriftstück in der richtigen Kategorie gibt es einen Punkt.
Sie können für diesen Teil maximal 17 Punkte erhalten
Wenn Sie anderer Meinung sind, können Sie das schriftlich begründen. Bei genügend klarer, nachvollziehbarer Logik wird Ihnen der entsprechende Punkt erteilt. 1 Bonuspunkt.

Maximal 17 Punkte

Auswertung Teil 2

Arbeiten Sie den Vorgehensplan Schritt für Schritt durch.
Wenn die Anweisungen sinngemäß denen der Musterlösung entsprechen, geben Sie sich einen Punkt. Es ist egal in welcher Kategorie die Anweisungen stehen. Diese Punkte sind in Teil 1 enthalten. Hier zählen sie nicht mehr.
Sie können maximal 17 Punkte erreichen

Maximal 17 Punkte

Auswertung Teil 3

Endanweisung

(1) Geben Sie sich für jede sinnvolle zusätzliche Maßnahme einen Punkt

Beispiele:
Einkauf schleunigst besetzen
Personalabteilung aus der Verwaltung ausgliedern
Betriebsinterne Ausschreibungen vornehmen
Kompetenzbereiche neu einrichten und schriftlich fixieren

Maximal 5 Punkte

Hauptprobleme

(2) Geben Sie sich für jedes Problem einen Punkt

Beispiele:
Mitarbeiter auf Schulungen zur Stärkung des Selbstbewusstseins schicken
Esslinger entlassen, offensichtlich ist der Qualitätsstandard sehr gesunken (im Gegensatz zur Beschreibung)
Mehr Zeit für Großkunden
Steinhilber auf Kurs für Verkauf und Kundenmanagement schicken (muss das mit den Anfragen in den Griff kriegen)
Engel eine kräftige Rüge verpassen (sein Personal säuft während des Dienstes)

Maximal 5 Punkte

Kompetenzerhöhung

(3) Geben Sie sich für jeden Vorschlag einen Punkt

Beispiele:
Kundenmanagement
Mitarbeiterführung
Arbeitssicherheit
Soziale Kompetenz für das Schreibpersonal
Flugsicherheit

Maximal 5 Punkte

Höchstpunktezahl 49 Punkte

Bonuspunkt 1-2 Punkte

Bei Zeitüberschreitung pro Minute ein Punkt Abzug.

Einschätzung der Übung:

0 - 17 Punkte

Unterdurchschnittliche Leistung. Sie haben sich mit der Aufgabenstellung nicht vertraut gemacht. Es sind kaum Lösungsansätze und Strategien vorhanden.

18 - 34 Punkte

Mittlere Leistung. Sie zeigen ordentliche Ansätze. Die Postkorb-Übung nimmt in Ansätzen Gestalt an. Schwach ist noch die Strukturierung und die Formulierung der einzelnen Aufgaben.

35 - 50 Punkte

Sehr gute Leistung. Sie haben sich mit dem Problem intensiv beschäftigt. Ihre Leistung ist herausragend.

51 Punkte

Summa cum laude

Viel Spaß beim Knobeln. Wenn Sie uns einen Fehler bei der Auswertung nachweisen, gibt es ebenfalls einen Bonuspunkt.

Mit freundlichen Grüßen

Dr. Siewert

Kontaktadresse des Autors

Büro für Beratung
Dr. Horst H. Siewert
Postfach 2526
D 72715 Reutlingen
Tel./Fax.: (07121) 23 97 71
E-Mail: hosiewert@aol.com, Homepage:
www.horstsiewert.de oder www.bewerben.com

Literatur

Antons, K.: *Praxis der Gruppendynamik*, Göttingen 1998
Brickenkamp, R.: *Handbuch psychologischer und pädagogischer Tests*, 2. vollst. überarb. u. erw. Aufl., Göttingen 1997
Coelius, Claus: *Fit fürs Assessment-Center*, Hamburg 1998
Jeserich, W.: *Assessment-Center*. In Sarges, W. (Hg.): Management-Diagnostik, 2. Aufl., Göttingen 1995
Liebel, H.; Oechsler, W.: *Personalbeurteilung*, Wiesbaden 1992
Lorenz, Konrad: *Die acht Todsünden der zivilisierten Menschheit*, 27. Aufl., München 1999
Obermann, Christof: *Assessment-Center*, Wiesbaden 1992
Ogger, Günter: *Nieten in Nadelstreifen*, 14. Aufl., München 1995
Siewert, Horst & Renate: *Bewerben wie ein Profi*, Landsberg/Lech 2000
Siewert, Horst: *Persönlichkeitstests erkennen und bestehen*, 3. Aufl., Landsberg/Lech 1994

Stichwortverzeichnis